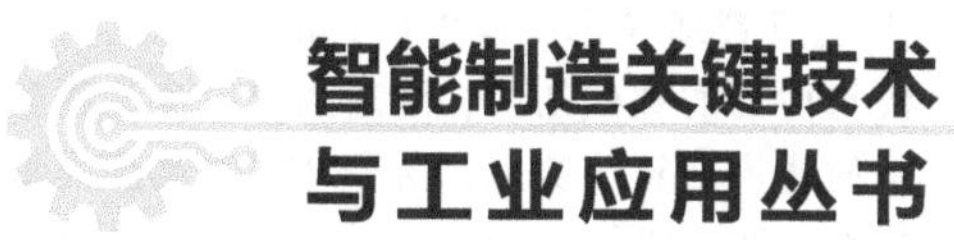

智能制造系统规划与仿真

Intelligent Manufacturing System Planning and Simulation

李亚杰　主编

化学工业出版社
· 北 京 ·

内容简介

本书介绍了在智能制造环境下，企业运营管理优化过程中用到的模型建立与仿真技术，内容涵盖智能制造的概念、制造系统建模与仿真的基础知识、制造系统业务流程建模时常用的模型及其建立过程、制造系统设施布局的建模与算法仿真、生产计划与调度模型的建模方法、制造系统物流配送路径优化模型与仿真算法、Plant Simulation 仿真软件的基础知识，并以装配线平衡和物流优化为案例进行说明，最后采用面向对象的建模方法介绍了智能制造系统建模案例。本书可以为企业运营管理中开展业务流程优化、设施布局优化、计划调度优化、物流配送路径优化等环节的建模与仿真工作提供参考。

本书适合从事企业运营管理优化的技术人员和高等院校智能制造工程专业的师生等阅读参考。

图书在版编目（CIP）数据

智能制造系统规划与仿真/李亚杰主编．—北京：化学工业出版社，2023.11

（智能制造关键技术与工业应用丛书）

ISBN 978-7-122-44187-4

Ⅰ.①智…　Ⅱ.①李…　Ⅲ.①智能制造系统-系统规划②智能制造系统-系统仿真　Ⅳ.①TH166

中国国家版本馆 CIP 数据核字（2023）第 176821 号

责任编辑：金林茹　　文字编辑：师明远

责任校对：李雨晴　　装帧设计：王晓宇

出版发行：化学工业出版社（北京市东城区青年湖南街 13 号　邮政编码 100011）

印　　装：北京科印技术咨询服务有限公司数码印刷分部

710mm×1000mm　1/16　印张 12　字数 223 千字　2024 年 2 月北京第 1 版第 1 次印刷

购书咨询：010-64518888　　售后服务：010-64518899

网　　址：http：//www. cip. com. cn

凡购买本书，如有缺损质量问题，本社销售中心负责调换。

定　　价：89.00 元

前言

随着“中国制造 2025”智能制造战略不断深化，企业纷纷开始自身的智能制造系统建设。智能制造系统涵盖了原材料、产品设计、产品加工、质检等产品制造全生命周期的活动，其目标是面向产品制造全生命周期实现所有制造环节的高效运作。在制造系统的运行过程中，运营管理是对产品的整个生产制造过程进行管理，包括组织管理、布置设备、设计分工、生产计划、库存管理、物流管理和质量控制等，是提高制造系统效率、降低运营成本、增强竞争力的核心因素。

在此背景下，本书借鉴和吸收智能制造系统建模与优化领域近几年的研究发展成果，既重点介绍了智能制造系统建模与仿真的基本理论与方法，也兼顾了以上技术在智能制造企业中的实际应用。本书共分为 8 章，第 1 章主要对制造系统、智能制造的概念和特征，智能制造的发展现状进行了概述性介绍；第 2 章介绍了制造系统建模与仿真的基础知识，包括模型的概念、系统建模与仿真的方法、制造系统模型的特征等；第 3 章介绍了在制造系统业务流程建模时常用的模型及其建立过程，该部分模型主要针对企业业务流程优化、智能制造信息系统建模领域，主要包括业务活动、业务功能、业务流程等模型，还介绍了基于本体的制造系统建模方法；第 4 章介绍了制造系统设施布局的建模与算法仿真方法，包括设施布局优化数学模型建模和智能化算法数值仿真；第 5 章介绍了生产计划与调度模型的建模方法，包括计划调度问题分析与基于模板技术的计划调度建模技术；第 6 章介绍了制造系统物流配送路径优化模型与仿真算法；第 7 章介绍了 Plant Simulation 仿真软件的基础知识，并以装配线平衡和物流优化为案例进行应用说明；第 8 章采用面向对象的建模方法介绍了制造系统建模案例，便于读者直观理解基于面向对象方法的制造系统模型的内容。

本书由河南科技大学李亚杰编排、设计和统稿，并负责编写第 1、2、4、6、7

章全部内容和第 3、8 章部分内容，西安工业大学董蓉负责编写第 3 章部分内容和第 5 章，河南科技大学吕锋负责编写第 8 章部分内容。

本书可以作为高等院校智能制造工程、工业工程等专业的教材，也可以作为相关专业工程技术人员和管理人员的参考书。

本书从策划到成稿得到了河南科技大学机电工程学院各位老师的无私帮助，编写过程中参考了同行的大量著作、论文等文献和研究成果，在此一并表示真诚感谢。

限于编者水平有限，书中纰漏和不妥之处在所难免，敬请各位专家和读者批评指正。

编者

目录

第 7 章 Plant Simulation 仿真基础 121

第 8 章 面向对象的制造系统建模案例 148

第1章

绪论

1.1 系统的概念

系统是由若干元素为了达到整体目的，通过一定的逻辑关系形成的集合，系统的元素之间是相互作用和相互联系的。根据各学科研究的对象不同，系统这个概念涵盖的范围非常广泛，存在多种不同类型的系统，自然界的生态系统、宇宙中的天体系统、人体中的消化系统、计算机中的信息系统、生产中的设备系统等，都可以抽象为系统。从以上系统定义可以看出，系统具有集合性、层次性、有界性、整体性、目的性、相关性，环境适应性等。

① 集合性：一个系统至少由两个或两个以上的子系统组成，这些子系统称为要素，系统的集合性即指系统是由各个要素集合而成的。

② 层次性：系统的要素之间是有层次的组合，层次性反映了各要素在组成系统时表现出的多层次状态的特征。

③ 有界性：系统与环境之间存在相互作用、相互依赖的关系，系统的有界性指系统具有与外界相联系的边界，这个边界定义了系统的特性。

④ 相关性：系统的组成要素之间是相互联系和相互作用的。

⑤ 整体性：系统由相互联系和相互作用的多个要素组成，系统是这些要素的集合，系统中的要素不是独立存在的。

⑥ 目的性：系统由若干元素组成，能够实现预期的目标，可以实现系统的各项功能，功能是系统存在的目的。

⑦ 环境适应性：系统需要运行在特定的环境中，系统与环境之间是相互作用、相互影响的，系统需要与环境进行物质、能量或信息的交流。

按照不同的角度，可以将系统分为不同的种类，例如按照系统组成元素的类型，可以将系统分为自然系统、人造系统和复合系统，按照系统是否具有物理实体可将系统分为物理系统、逻辑系统和复合系统。例如在产品加工生产线系统中，加工设备属于物理系统，加工设备的控制程序属于逻辑系统，生产线系统是由设备、控制程序和操作者组成的复合系统。

1.2 制造系统的概念及组成

制造可以分为狭义的制造和广义的制造。狭义的制造指产品的制造过程，即从原材料开始，通过一系列物理性质或化学性质的变化之后转化为产品的过程。广义的制造指产品制造的整个生命周期过程，国际生产工程学会在 1990 年提出了广义制造的定义：制造是涉及制造工业中产品设计、物料选择、生产计划、生产过程、质量保证、经营管理、市场销售和服务的一系列相关活动和工作的总称。本书主要面向工业工程类专业，在本书中，制造指广义制造。

制造系统是指为达到预定制造目的而构建的物理的组织系统，是由制造过程、硬件、软件和相关人员组成的具有特定功能的一个有机整体。其中的制造过程包括产品的市场分析、设计开发、工艺规划、加工制造以及控制管理等过程；其硬件包括厂房设施、生产设备、工具材料、能源以及各种辅助装置；其软件包括各种制造理论与技术、制造工艺方法、控制技术、测量技术以及制造信息等；相关人员是指从事物料准备、信息流监控以及制造过程的决策和调度等作业的人员。

制造系统按照组成结构可分为机床设备、刀具等硬件，设备控制系统等软件和操作人员，制造系统是这些硬件、软件和人员组成的有机整体；按照粒度和层次不同，可将制造系统分为单台设备、制造单元、生产线、制造车间、制造企业等。

制造系统按照产品的制造生命周期，可分为产品设计系统、产品生产系统、产品销售系统和产品服务系统。按照制造系统各要素在产品制造生命周期中实现的功能，可将制造系统分为产品系统、工艺系统、生产系统、物流系统等。

1.3 制造系统与制造模式的发展

制造系统从 20 世纪 50 年代开始，经历了机械加工系统、单元（刚性）制造系统、柔性制造系统、计算机集成制造系统、敏捷制造系统、现代集成制造系统、智能制造系统的发展过程。

制造模式是制造系统在经营、治理、生产组织等方面的形态和运作模式，指在生产制造过程中，依据不同的制造环境，通过有效地组织各种制造要素形成的可以在特定环境中达到良好制造效果的先进模式。

在制造系统的发展过程中，为了适应市场竞争要求，更好地迎接市场挑战，国内外学者融合制造技术与信息技术、自动化技术、现代管理技术、人工智能及系统工程方法等，提出了超过 30 种的先进制造模式，例如精益生产（lean production，LP）、敏捷制造（agile manufacturing，AM）、虚拟制造（virtual manufacturing，VM）、网络化制造（network manufacturing，NM）、全能制造（holonic manufacturing，HM）、计算机集成制造（CIM）等。其中具有代表性的先进制造模式为敏捷制造、网络化制造、服务型制造、计算机集成制造与云制造。

1.3.1 敏捷制造

美国里根大学和 13 家大公司组成的联合研究小组在 1991 年发布的《21 世纪制造企业战略》报告中提出了敏捷制造的概念。其基本思想是：在难以预测、瞬息万变的竞争环境中，在信息技术、先进管理技术、敏捷设计技术、自动控制技术等先进技术支持下，当市场需求出现时，在若干优势互补的企业之间建立动态联盟，通过对联盟中企业的资源、知识、生产技术等进行集成，对各种制造资源进行有效、合理的管理和利用，充分发挥联盟中企业各自的优势，快速响应市场需求，完成对产品的研发与制造，提高企业应对市场需求的敏捷性，由此在市场竞争中取得优势。当市场需求消失或产品寿命终结时，动态联盟解体。整个动态联盟具有功能上的不完整性、地域上的分散性和组织机构上的非永久性，即功能、地域、组织的虚拟化特点。敏捷制造具有以下特点。

① 能够对变化的市场和客户需求做出快速响应，并进行产品的设计、开发等工作，以最短的交货期、最经济的方式，按用户需求生产出用户满意的具有竞争力的产品；

② 具有灵活的动态组织机构，它能以最快的速度把企业内部和企业外部不同的优势力量集中在一起，形成具有快速响应能力的动态联盟，具有高度柔性；

③ 可以有效集成各个企业的先进生产技术、管理技术、制造资源与高素质的有经验的员工；

④ 强调人员、组织、管理、技术的高度集成，强调企业面向市场的敏捷性（agility），即可重构（reconfigurable）、可重用（reusable）和可扩充（scalable）的特性。

1.3.2 网络化制造

网络化制造强调快速响应市场的需求、最大限度满足消费者的个性化需要，这与敏捷制造的思想十分吻合，因此，可以认为网络化制造是敏捷制造的深化和发展。

尽管至今关于网络化制造没有形成统一的概念与定义，但网络化制造研究的基本内涵是相同的，总的来说，网络化制造具有以下特征。

① 网络化制造是基于网络技术的先进制造模式。它是在因特网和企业内外网环境下，企业用以组织和管理其生产经营过程的理论与方法。

② 以快速响应市场为实施的主要目标之一。通过网络化制造，提高企业的市场响应速度，进而提高企业的竞争能力。

③ 网络化制造覆盖了企业生产经营的所有活动。网络化制造技术可以用来支持企业生产经营的所有活动，也可以覆盖产品全生命周期的各个环节。

④ 采用扁平化、高透明度的组织模式。网络和数据库技术使封闭性较强的金字塔式递阶结构的传统企业组织模式向着基于网络的扁平化、高透明度的项目主线式组织模式不断发展。

⑤ 适应小批量、多品种的个性化生产需求。21 世纪的市场将愈来愈体现个性化需求的特点，因此基于网络的定制将是满足这种需求的一种有效模式。

⑥ 网络化制造系统是分布和开放的制造系统。通过网络突破地理空间上的差距给企业生产经营和企业间协同造成的障碍，各个节点在逻辑结构上或地理位置上是分散的，无主从之分，能独立、自主地完成各自的子任务。

⑦ 需要企业间的协作与全社会范围内的资源共享。通过企业间的协作和资源共享，提高企业的产品创新能力和制造能力，实现产品设计制造的低成本和高速度。

⑧ 强调制造系统之间的集成。在分布式数据库管理系统的支持下，使分布式网络化制造系统在功能、信息和生产制造过程中实现有效的集成。

⑨ 具有动态化的组织成员。构成客户化分布式网络制造的成员不像传统企业那样一成不变，而是为了共同的利益通过某个市场机遇暂时联合在一起；强调组织成员之间的互操作性；各组织节点及其应用系统间能够交互作用、相互协调与合作以协同完成共同的任务。

1.3.3 服务型制造

随着市场经济全球化发展和消费者对时间（T）、成本（C）、质量（Q）、环境（E）和服务（S）等关注点的演变，创新和服务逐渐成为经济的核心。在这种背景下，面向顾客的个性化服务被引入制造价值链，使得传统制造业价值链不断扩展和延长，服务在企业产值和利润中的比重越来越高，企业的运作模式也从以产品制造为核心转向基于产品为用户提供综合服务的模式。服务型制造是在这种趋势下出现的先进制造模式。

服务型制造是制造与服务相融合的新产业形态，是为了实现制造价值链中各利益相关者的价值增值，通过产品和服务的融合、客户全程参与、企业相互提供生产性服务和服务性生产，实现分散化制造资源的整合和各自核心竞争力的高度协同，达到高效创新的一种制造模式，是基于制造的服务。在服务型制造中，个体企业可以更加关注自身核心竞争力的提高，实现专业化的生产，以敏捷、柔性、高效、低成本的生产方式迅速适应市场需求的变化，创造更多价值，取得竞争优势。与其他先进制造模式相比，服务型制造具有以下特点。

① 在价值实现上强调由以产品制造为核心向基于产品为顾客提供服务转变；

② 在作业方式上强调客户、企业的认知和知识融合，通过有效挖掘服务制造链上的需求，实现个性化生产和服务；

③ 在组织模式上更关注顾客和企业间通过价值感知，自发形成资源优化配置，形成具有动态稳定结构的服务型制造系统；

④ 在运作模式上强调主动性服务，主动将顾客引进产品制造、应用服务过程，主动发现顾客需求，展开针对性服务。

1.3.4　云制造

云制造是一种利用网络和云制造服务平台，按用户需求组织网上制造资源（制造云），为用户提供各类按需制造服务的一种网络化制造新模式。云制造技术将现有网络化制造和服务技术同云计算、云安全、高性能计算、物联网等技术融合，实现各类制造资源（制造硬设备、计算系统、软件、模型、数据、知识等）统一、集中的智能化管理和经营，为制造全生命周期过程提供可随时获取、按需使用、安全可靠、优质廉价的各类制造活动服务。云制造具有以下优势：

① 资源的全面共享：支持各种软、硬制造资源的感知和接入；

② 资源按需透明使用和节能降耗：服务环境的构建与运行均根据资源需求动态调度和增减资源，以达到高利用率；

③ 高敏捷性与可伸缩性：虚拟资源与物理资源的松耦合以及模板映射机制，使虚拟资源云池的规模能够随云业务量需求的变化敏捷伸缩、内容灵活变更；

④ 高可靠性：通过容错技术，使得单点故障发生时任务环境可动态迁移至其他物理资源继续运行，确保多主体协同运行不受影响；

⑤ 高安全性：支持对物理制造资源的多层次多粒度安全隔离，一旦遭受攻击也能够保证任务迁移至其他物理资源继续运行；

⑥ 高可用性与普适化：支持对制造全生命周期各种用户按需定制个性化的终端设备、运行环境、界面内容、交互方式。

1.4 智能制造概述

制造业是国民经济赖以发展的基石，它直接影响国民经济各部门的发展，也影响国计民生和国防力量的加强。制造业在国民经济的发展中起着至关重要的作用，是我们国家的立国之本、兴国之器、强国之基。

随着互联网与计算机技术的发展，目前全球制造业正处于一个转型升级阶段，全球化竞争日趋复杂，客户对产品的个性化需求与交货期要求不断增多，导致产品种类与数量急剧增加，制造业为了在市场竞争中取得优势，必须能够在最短的时间内将满足客户要求的个性化产品推向市场，在这种形势下传统制造与管理模式已经无法满足要求。通过 20 世纪后 30 年以来发展的 3D 打印技术、纳米技术、新能源技术、新材料技术、智能机器人以及人工智能、大数据等新一代信息技术，并集成发展传统制造技术，提出一种新型的制造模式，即智能制造模式。

在智能制造新形势下，世界各制造大国为抢占未来制造业的制高点，纷纷针对自身制造业的特点与优势提出了相应的发展战略，如美国倡导的“工业互联网”、德国提出的“工业 4.0”（Industry 4.0）和我国正在大力推进的“中国制造 2025”等。

1.4.1 美国智能制造的发展

美国为了保持其在全球制造业中的竞争优势，缓解国内就业压力，在 2008 年金融危机之后，先后推出了一系列制造业振兴计划。例如 2011 年 6 月，美国智能制造领导联盟（Smart Manufacturing Leadership Coalition，SMLC）发表的《实施 21 世纪智能制造》报告，首次提出“智能制造”的概念，即通过融合信息物理生产系统（cyber-physical production system）、物联网、机器人、自动化、大数据和云计算等技术，来改善供应网络各个层面的制造业务，实现数据驱动的供应协同，进而实现全厂优化、可持续生产、敏捷供应链等目标，旨在通过先进智能系统强化应用、新产品快速制造、产品需求动态响应，以及工业生产和供应链网络实时优化，实现智能制造。2014 年 12 月，美国政府建立智能制造创新研究院，提出通过先进传感、监测、控制和过程优化技术和实践的组合应用，将信息和通信技术与制造环境融合在一起，实现工厂和企业中能量、生产率、成本的实时管理，实现智能制造。美国智能制造战略旨在依靠新一代信息技术、新材料与新能源技术等，快速发展以先进传感器、工业机器人、先进制造测试设备为代表的智能制造。

1.4.2 德国智能制造的发展

为了保证德国在制造业中的传统优势，德国产、学、研各界共同制定了以提高德国工业竞争力为主要目的的战略——工业 4.0。该战略在提出后被政府接受并迅速上升为国家战略，由德国联邦教研部与联邦经济技术部在 2013 年汉诺威工业博览会上面向全世界提出。2013 年 12 月 19 日，德国电气电子和信息技术协会发布德国“工业 4.0”标准化路线图，“工业 4.0”是德国政府确定的面向 2020 年的国家战略，它描绘了制造业的未来愿景，提出继蒸汽机的应用、规模化生产和电子信息技术等三次工业革命后，人类将迎来以信息物理融合系统（CPS）为基础，以生产高度数字化、网络化、机器自组织为标志的第四次工业革命。“工业 4.0”概念在欧洲乃至全球工业业务领域都引起了极大的关注和认同。

德国“工业 4.0”战略旨在通过充分利用信息通信技术和信息物理系统（CPS）相结合的手段，推动制造业向智能化转型。“工业 4.0”战略可简单总结为“一个核心、两个主题、三项集成、八项计划”：以建立信息物理系统网络，实现“智能＋网络化”制造为核心，将传感器、嵌入式终端系统、智能控制系统、通信设施通过 CPS 连接形成一个智能网络，实现人、机器、服务之间的互联，实现横向、纵向和端对端的高度集成，实现生产设备之间、生产设备和产品间、虚拟与现实间、万物间的互联，发展智能生产与智能工厂两个主题，实现设备、产品之间的端对端集成、产业之间的横向集成、生产流程的纵向集成，实施的八项计划分别是资源利用效率、标准化和参考架构、综合工业宽带基础设施、管理复杂系统、工作设计与组织、培训与职业发展、监管条例、保障与安全。

1.4.3 中国智能制造的发展

为了抓住全球新一轮产业技术革命带来的机遇，发展高端装备制造业和战略性新兴产业，提高产品的质量水平和核心竞争力，实现由“中国制造”向“中国创造”的转型目标，2015 年 5 月 8 日国务院公布了《中国制造 2025》战略规划。“中国制造 2025”以创新驱动、质量为先、绿色发展、结构优化、人才为本为基本方针，提出了“三步走”的战略目标，即：第一步，力争用十年时间，迈入制造强国行列；第二步，到 2035 年，我国制造业整体达到世界制造强国阵营中等水平；第三步，新中国成立一百年时，制造业大国地位更加巩固，综合实力进入世界制造强国前列。

“中国制造 2025”将智能制造作为主攻方向，旨在通过实施“中国制造 2025”，将我国经济发展由要素驱动发展升级为创新驱动发展，将低成本低价格的竞争优势升级为质量好效率高的竞争优势，将能源资源消耗型经济增长模式升级为绿色环保可持续发展的经济增长模式，将主营生产业务的制造业升级为生产服务兼顾的制造业，实现传统制造业与现代化信息技术深度融合。深化互联网在制造领域的应用，将制造业与互联网相结合，实现工业生产的智能化，在企业信息和材料资源全部互联的基础上进行智能化生产，完成从产品生产到产品配送的整个流程，并且可以实现用户的定制化服务，完成向智能化生产转变。

1.5 智能制造的定义

智能制造概念的提出主要基于以下背景：①全球市场经济处于转型升级与快速发展阶段，市场对于产品的灵活性、可靠性等需求不断增加，外部市场的复杂程度不断提高，难以准确地预测对于产品的需求，制造企业必须越来越灵活，能够快速地把个性化的产品推向市场，更加敏捷地响应市场需求；②有丰富经验的技术人员和工人的数量日益减少，产品的结构与制造工艺越来越复杂；③随着计算机信息技术的应用，制造过程中产生的数据呈爆炸式增长，传统的信息处理方式难以适应。

为了解决以上问题，使制造系统能够适应市场发展的需要，通过结合传统制造技术与计算机信息技术、网络技术、人工智能技术、工业控制与自动化技术、现代管理技术、数据挖掘与分析技术等，实现制造系统高度柔性化、智能化和集成化，形成新型制造模式，即智能制造。

与传统制造模式相比，智能制造的核心目标是通过更精确的过程状态跟踪和更完整的实时数据获取，获得更丰富的信息，并在科学决策支持下对生产制造过程进行更科学的管理，以实现更加灵活与柔性的过程控制，在快速响应并满足多样化、个性化用户需求的同时减少对环境的损害。其优势在于以新一代信息技术和人工智能等技术为支撑，将制造即服务等先进理念融合到产品全制造流程，并从全局视角实施面向产品全生命周期的制造智能。

智能制造概念一经提出，就获得了世界范围的广泛重视，世界各国都在竞相发展智能制造战略，智能制造的理论与应用获得了巨大进展，但智能制造的定义、内涵与特征在国际上尚未统一，下面将就美国、德国、中国对智能制造的定义与内涵进行详细阐述。

1.5.1 美国对智能制造的定义

金融危机以来，为了重振本国制造业，美国开始实施“再工业化”战略，出台了《重振美国制造业框架》《制造业促进法案》和《先进制造业伙伴计划》等一系列政策文件，对未来制造业进行战略规划。美国准备通过再工业化战略的实施，实现由重振制造业到大力发展先进制造业，积极抢占世界高端制造业来推进智能制造的发展。2011 年 6 月，美国智能制造领导联盟发表了《实施 21 世纪智能制造》报告，指出智能制造是先进智能系统强化应用、新产品快速制造、产品需求动态响应，以及工业生产和供应链网络实时优化的制造。美国政府部门与企业、学术界针对智能制造开展了深入研究，提出了一系列关于智能制造的理论，主要包括以下几种。

(1) 数字化制造与设计创新机构

2014 年 2 月，美国国防部牵头成立数字化制造与设计创新机构，该机构侧重于综合利用传感器、控制器、软件等，由仿真、三维可视化、分析学和各类协同工具等计算机集成系统，将产品生命周期的设计、制造、服务、报废等环节进行连接，形成一条完整的、贯穿产品生命周期与价值链的数字线。

(2) 能源制造创新机构之智能制造部门

2014 年 12 月，美国能源部宣布牵头筹建能源制造创新机构之智能制造部门，侧重于利用工业传感器、控制器、优化算法、建模与仿真技术形成开源的技术平台，集成制造过程中的清洁能源和高能效应用、能量优化的控制与决策支持、原料和运行资源等，形成一种环保和优化生产力的方式，降低制造过程的能耗，其目标是减少生命周期能源使用，提高能源生产率，提升地区经济、就业以及本土生产，保障美国制造的竞争力。

美国《2016 年北美能源安全和基础设施法案》提出智能制造是信息技术在制造过程各个环节的综合应用，包括从产品的设计开始，到生产、装配与应用等整个制造过程，达到提高生产效率、降低成本与能耗、满足消费者个性化产品需求的目标。主要包括以下先进技术：①生产线数字化建模与虚拟控制、生产线状态的监控和交互、能源消耗和效率的管理及优化；②厂房能源效率的建模、模拟和优化；③建筑的节能性能优化；④产品能源效率及可持续化性能的建模、模拟和优化，包括使用数字模型和增材制造加强产品的设计；⑤将制造产品联入网络以监控和优化网络性能，包括自动化网络操作；⑥供应链网络的数字化联接。

(3) 第三次工业革命

1994 年，美国未来学家杰里米·里夫金首次提出第三次工业革命，并在 2011 年出版的专著《第三次工业革命》中系统阐述了第三次工业革命的概念，指出第三次工业革命是新能源技术和新通信技术出现以及新能源和新通信技术融合的革命，其核心内容是借助互联网、新存储等技术，开发、搜集、应用可再生能源，实现向可再生能源转型以及节能、低碳、绿色、经济、可持续发展。

第三次工业革命以制造业数字化为标志，主要体现在“更聪慧”的软件、更神奇（质量更轻、强度更高、更加耐用）的新材料、功能更强大的机器人、更完美的程序设计、3D 打印技术以及更全面的网络服务等，包括五大核心内容：①向可再生能源转型；②将建筑物转化为微型发电厂，以便就地搜集可再生能源；③在每一栋建筑物及基础设施中使用氢和其他存储技术，以存储间歇式能源；④利用互联网技术将每一大洲的电力网转化为能源共享网络，其工作原理类似于互联网；⑤将运输工具转变为插电式以及燃料电池动力车。

(4) 工业互联网

2012 年，美国通用电气公司（GE）发布了《工业互联网：突破智慧和机器的界限》，正式提出“工业互联网”概念。工业互联网旨在利用智能设备和网络实现数据的采集和存储，利用大数据分析工具进行数据分析和可视化处理，产生“智能信息”供决策者使用，其目标是促进物理系统和数字系统的融合，实现通信、控制和计算的融合，营造一个信息物理系统的环境。工业互联网由智能设备、智能系统和智能决策三大核心要素构成，智能设备是通过传感器、控制器、软件应用程序等将信息技术嵌入到制造装备中，使其具备网络互联能力，使设备之间能够进行智能化交互，智能设备是工业互联网的基础；智能系统是将智能设备互联形成的系统，包括部署在机组和网络中并广泛结合的机器仪表和软件，智能系统通过网络将智能设备连接在一个系统中，实现数据采集与分析，提高设备的自主学习能力与智能化水平；智能决策基于智能系统与数据分析技术进行实时判断与处理，通过智能设备与智能系统收集的信息实现数据驱动型学习，实现智能决策。

1.5.2 德国对智能制造的定义

工业 4.0 强调把物联网与服务应用到制造领域，把信息通信技术和信息物理系统充分结合，实现自预测、自维护和自组织学习，促进制造业向智能制造转型，工业 4.0 主要强调以下几个方面。

(1) 互联

“工业 4.0”通过信息物理系统，将传感器、嵌入式终端、智能控制系统、通信设施等连接形成一个智能网络，实现设备、产品以及物理世界和虚拟世界的互联，使设备、产品、信息系统、操作人员能够进行数字信息的传递与交流。

(2) 集成

通过 CPS 将传感器、嵌入式终端系统、智能控制系统、通信设施形成智能网络，使得人与人、人与机器、机器与机器以及服务与服务之间能够互联，实现横向、纵向、端对端的高度集成。

横向集成即制造企业之间通过价值链以及信息网络实现资源整合，实现各企业间的无缝合作，提供实时产品与服务，推动企业间研产供销、经营管理、生产控制、业务与财务全流程的无缝连接和综合集成，进而实现产品开发、生产制造、经营管理等在不同企业间的信息共享和业务协同；纵向集成即在企业内部实现跨越产品生命周期的所有生产、运营环节信息的无缝连接；端到端集成即围绕产品全生命周期价值链进行不同企业资源的整合，实现产品设计、生产制造、物流配送以及使用维护等在内的产品全生命周期的管理和服务。

（3）数据

在“工业 4.0”时代，随着信息物理系统（CPS）、智能装备和终端的普及以及各种各样传感器的使用，所有的生产装备、感知设备、联网终端，包括生产者本身的数据都将被源源不断地采集上来，这些数据将贯穿企业运营、价值链乃至产品的整个生命周期。主要包括产品数据，即产品设计、建模、工艺、加工、测试、维护、产品结构、零部件配置关系、变更记录等数据；运营数据，即组织结构、业务管理、生产设备、市场营销、质量控制、生产、采购、库存、目标计划、电子商务等数据；价值链数据，即客户、供应商、合作伙伴等数据；外部数据，即经济运行、行业、市场、竞争对手等数据。

产品数据的采集与分析可以实现产品全生命周期管理，使消费者能够参与到产品的需求分析和产品设计、柔性加工等创新活动中，使得为客户提供个性化的产品服务成为可能。

运营数据的采集与分析能够将生产所产生的数据反馈至生产过程中，可以动态调整优化生产、库存的节奏和规模，在生产过程中不断实时优化能源效率，带来效率的大幅提升和成本的大幅下降。

通过对价值链数据深入分析和挖掘，能够为企业管理者和参与者提供看待价值链的全新视角，使得企业有机会把价值链上更多的环节转化为企业的战略优势，更好地参与当前全球化的市场竞争。

外部数据能够使企业充分掌握外部环境的发展现状，增强自身的应变能力，提升管理决策和市场应变能力。

（4）创新与转型

在“工业 4.0”时代，物联网和（服）务联网将渗透到工业的各个环节，形成高度灵活、个性化、智能化的产品与服务的生产模式，推动制造企业进行技术创新、产品创新、模式创新、业态创新与组织创新，实现生产模式从大规模生产向个性化定制转型、从生产型制造向服务型制造转型、从要素驱动向创新驱动转型。

1.5.3　中国对智能制造的定义

工业和信息化部在 2015 年 3 月 9 日公布的“2015 年智能制造试点示范专项行动”中指出，智能制造定义为基于新一代信息技术，贯穿于设计、生产、管理、服务等制造活动各个环节，具有信息深度自感知、智慧优化自决策、精准控制自执行等功能的先进制造过程、系统与模式的总称。它具有以智能工厂为载体、以关键制造环节智能化为核心、以端到端数据流为基础、以网络互联为支撑等特征，可有效缩短产品研制周期，降低运营成本，提高生产效率，提升产品质量，降低资源能源消耗。

2015 年 5 月，国务院印发的《中国制造 2025》规划纲要，将智能制造提升至国家战略层面，提出坚持走中国特色新型工业化道路，以促进制造业创新发展为主题，以提质增效为中心，以加快新一代信息技术与制造业深度融合为主线，以推进智能制造为主攻方向，以满足经济社会发展和国防建设对重大技术装备的需求为目标，强化工业基础能力，提高综合集成水平，完善多层次多类型人才培养体系，促进产业转型升级，培育有中国特色的制造文化，实现制造业由大变强的历史跨越。

中国智能制造的特征主要体现在以下几个方面。

① 重视工业基础，拓宽知识口径：中国制造业落后，很大程度上是因为基础零部件、基础工艺、基础材料比较落后，在未来的现代化工厂中，无论是机械工程师还是普通的工人，都必须具备良好的机械设计基础知识，对产品的每一个环节都必须严格把关，每一道工序都必须精益求精。

② 结合数字网络，提升智能效率：中国要成为工业强国，必须改变传统模式，打造新型工业，从中国制造蜕变为中国智造，通过智能制造带动各个产业的数字化水平和智能化水平的提高。

③ 节约产业资源，保护生态环境：经济发展的最大制约就是环境和资源，中国作为世界第一制造大国，发展的质量和效益已经成为中心任务，在这方面，一个非常重要的工作就是要节约资源，保护环境。工业消耗占整个国家能源消耗的 73%，在节能减排降耗、提高资源利用率方面有巨大的潜力和空间，所以要实施绿色制造工程来避免牺牲生态环境换取的工业繁荣。

④ 培养优势产业，高端装备创新：要实现工业强国，必须培养自己的优势产业，加快实施走出去战略，鼓励企业参与境外基础设施建设和产能合作，让中国智能制造造福世界。

1.6 智能制造的内涵

为了通过实施智能制造进一步巩固本国制造业优势，夺得新一轮市场变革的主导权，世界各国在制定智能制造战略时都充分考虑了本国龙头企业的特点及优势，例如德国是传统的装备制造强国，在工业控制、智能装备制造、工业软件等领域有巨大优势，德国工业 4.0 战略侧重于从生产设备智能化出发，利用信息物理系统打通传感器、制造设备、智能控制系统之间的通道，实现生产过程智能化，其目标是保持德国在智能制造系统供应商的主导地位；而美国是互联网第一强国，把握着互联网发展的主导权，因此美国的智能制造战略侧重于从工业互联网出发，构建全球化的工业控制网络，通过互联网、大数据实现对生产设备管理和服务性能的改善。

虽然世界各国对于智能制造的出发点和侧重点各不相同，但在它们制定的智能制造战略中都有以下共同特点。

① 建立智能化的工业控制网络：无论是美国的工业互联网战略还是德国的工业 4.0 战略，都强调通过网络将智能化生产设备联系起来，使得设备能够接收操作指令，计算机能够控制设备运行并采集运行过程中产生的数据；

② 以数据为核心：要实现智能制造，形成能够供智能化决策使用的知识，就必须能够采集、分析制造过程产生的数据，数据是实施智能决策的先决条件，数据的实时性、全面性、准确性将极大地影响智能制造系统的运行效果；

③ 系统集成与整合：智能制造跨越产品生命周期的设计、建模、工艺、加工、测试、维护等环节，涵盖质量控制、生产、采购、库存、目标计划等制造过程，涉及多个领域的信息系统，要实现智能制造就必须将这些系统进行集成与整合，实现数据的贯通，才能够为实现智能化提供数据支撑。

综上所述，智能制造具有如下内涵和特点。

① 以智能化制造装备为核心实现制造系统智能化：将数控设备、工业机器人、3D 打印设备等智能化制造装备通过传感器、工业控制网、人机交互与控制技术等联系起来，形成智能化制造系统，实现人工智能与制造过程的深度融合，使得制造系统能够智能化感知、分析、推理与决策，能够自主根据制造任务需求和外部环境变化调整控制策略，智能制造系统具备良好的柔性，能够实现“自组织”和“自适应”。

② 虚拟与现实融合：利用数字化建模技术建立制造系统的虚拟模型，并建立虚拟环境与现实物理环境之间的数据传输接口，实现虚拟世界与现实世界的联动，在虚拟环境中对产品进行仿真测试和验证、模拟设备在制造过程的运动和工作状态、模拟经营和生产管理过程，使制造企业能够在实际投入生产之前对制造过程进行优化、仿真和测试，优化制造流程，实现柔性生产，缩短产品上市时间，取得在市场竞争中的优势。

③ 建立智能工厂：智能工厂是信息物理深度融合的生产系统，将人工智能技术应用于产品设计、工艺、生产等过程，使得制造工厂在其关键环节或过程中能够体现出一定的智能化特征，即自主性感知、学习、分析、预测、决策、通信与协调控制能力。智能工厂以智能化制造装备为最小单元，实现对制造过程的自感知、自分析、自决策与自执行，将智能化制造装备通过工业互联网连接形成智能化制造车间与生产线，提升生产运作适应性，以及对异常变化的快速响应能

力，在智能化制造车间与生产线基础上集成产品设计与工艺、工厂运营等业务，打通企业生产经营全部流程，实现从产品设计到销售，从设备控制到企业资源管理所有环节的信息快速交换、传递、存储、处理和无缝智能化集成。

1.7 智能制造系统

智能制造系统通过集成知识工程、制造软件系统、机器人视觉与机器人控制等来对制造技术的技能与专家知识进行模拟，使智能机器在没有人工干预的情况下进行生产。智能制造系统就是要把人的智力活动变为制造机器的智能活动。智能制造系统的物理基础是智能机器，它包括可执行各种程序的智能加工机床、工具和材料传送装置、检测和试验装置以及装配装置等。智能制造系统的架构如图 1-1 所示。

图 1-1 智能制造系统架构

① 智能运营层：主要功能是实现对于智能制造系统的优化管理和智能决策，包括企业资源计划（enterprise resource planning，ERP）、制造执行系统

(manufacturing execution system，MES)、供应链管理系统（supply chain management，SCM）等生产经营管理系统，产品数据管理系统（product data management，PDM）和智能决策系统。

② 虚拟制造层：利用计算机仿真技术，建立制造系统和产品的虚拟模型，对产品设计、工艺设计、生产制造等过程进行建模与仿真。对产品未来制造全过程进行模拟，预测产品性能、产品制造成本、产品的可制造性，从而更有效、更经济灵活组织制造生产，使工厂和车间的资源得到合理配置，实现缩短产品开发周期、降低制造成本、提高产品质量和效率的目标。

③ 实物制造层：负责按照产品的技术文件，完成从原材料到产品的制造过程，实物制造层包括智能设备、智能单元、智能生产线、智能车间和智能工厂。实物制造层负责采集、监控制造过程的信息，将其反馈给智能运营层，并将制造指令发给智能装备层进行产品制造，实现智能运营层与智能装备层的信息集成与融合。

④ 智能感知层：该层主要由射频识别（radio frequency identification，RFID）读写器、各类传感器、可编程逻辑控制器（programmable logic controller，PLC）、手持终端等智能感知设备构成，用来识别及采集智能装备的信息，并通过工业互联网进行数据传输。

⑤ 智能装备层：该层由多种智能设备构成，如智能化生产线、自动导引运输车（automated guided vehicle，AGV）、智能搬运机器人、自动货架等，这些设备提供标准的数据传输接口，将设备自身的状态通过感知层设备传递至工业互联网。

第2章

制造系统建模与仿真基础

2.1 模型与建模

模型是对现实客观实体的特征以及内在联系的表示和抽象，模型的表达形式包括文字、数学公式、图形、符号等。对于制造系统来说，模型是对制造系统的抽象和描述，包括系统的组成、联系、约束和功能等。按照表达形式不同，制造系统模型可分为物理模型、数学模型和物理-数学模型。

物理模型是在现实世界中，采用一定的原则（例如按比例缩小、相似性等）制作的系统模型。物理模型多数用于因系统过于庞大或存在一定危险性，不具备直接利用真实系统开展试验的条件或代价过高的情况下开展试验对系统的某些性能做出评估。例如在飞机研制过程中建立缩小的飞机模型，在风洞中进行试验；在进行车间设备布局时，利用设备模型进行结果验证。

数学模型是利用数学符号和公式表达系统的组成、元素间的关系以及内在规律，对数学模型进行数值模拟和仿真，获得系统某些方面的性能和特征。例如在进行生产计划排产时，通过建立数学模型可以分析设备安排、任务顺序等对于交货期的影响；在进行物流配送时，可以分析配送顺序、路线等对物流成本的影响等。

物理-数学模型是一种混合模型，综合利用物理模型和数学模型来建立系统模型，通过物理模型接收外部环境对系统的输入并进行输出反馈，数学模型用于抽象表示系统的内部运行规律。例如驾校的驾驶员培训系统、飞行员的飞机驾驶模拟仓、机床设备的数字孪生实训系统等。

2.2 制造系统仿真

制造系统仿真通过对系统模型进行模拟试验，分析系统的状态、动态行为及性能特征能否满足要求。通过制造系统仿真可以解决以下问题。

① 在制造系统规划与设计阶段，可以通过仿真来规划制造系统的生产周期和产能，规划制造系统在一定的生产纲领要求下需要的设备数量以及设备布局所需的面积，规划满足生产要求所需的人员数量，对多种规划方案进行仿真，评估每个方案的优缺点，得出最优方案，为决策者提供依据，减少设计方案迭代次数，缩短设计阶段的周期和降低成本。

② 在实物制造过程中，在对制造系统的运行控制策略进行优化时，通过建立模型，对控制策略、计划调度等问题进行仿真，得到最优的方案。

③ 在制造系统运行阶段，可以在仿真模型中对制造系统的不同参数或变量进行仿真，研究不同的约束条件、异常情况对制造系统的影响，预测系统可能存在的缺陷，寻找最优的参数组合，实现对制造系统的优化。

2.3 系统建模与仿真的步骤

在制造系统建模与仿真中，系统是研究对象，模型是对系统的某些特性或层次的抽象，仿真是利用模型开展实验，完成对系统的分析和评价。制造系统建模与仿真需要经历如图 2-1 所示的几个步骤。

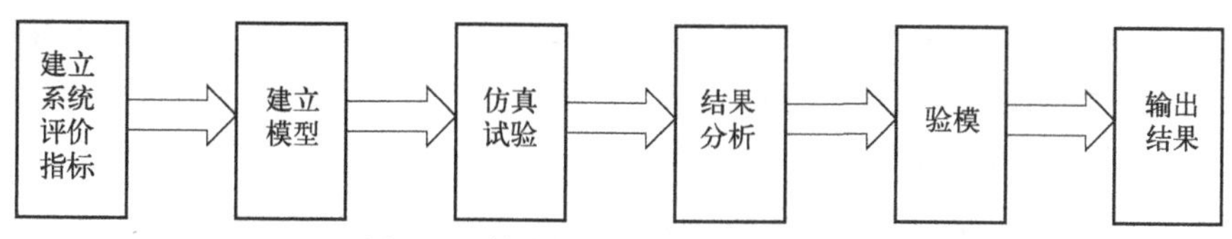

图 2-1　制造系统建模与仿真的步骤

① 建立系统评价指标：制造系统仿真的目的是评估系统的性能，因此第一步需要建立系统评价指标。制造系统的类型不同，其评价指标也不同，通常评价指标包含制造周期、成本、质量、设备利用率等，确定仿真包含的系统功能和范围。

② 建立系统模型：对制造系统中包含的资源、运行逻辑等进行抽象，收集制造系统的数据，对数据进行抽象，得到制造系统的控制逻辑及相关参数，建立系统数学模型。

③ 仿真试验：在仿真工具平台上根据系统模型设定仿真参数和变量，启动仿真。

④ 结果分析：在仿真试验结束后对系统的指标进行收集和分析，并采用可视化的形式展示给用户。

⑤ 验模：验模是对模型进行评估，验证仿真模型和实际制造系统是否一致，

判断仿真模型是否能够真实地模拟制造系统。它包括校核、验证、确认三个过程。校核：确定模型是否符合设计要求、算法要求、内部关系要求和其他要求；验证：根据模型的使用目的，确定模型是否精确表示了制造系统客观实物；确认：由管理专家根据经验进行评审，证明模型的结构和控制逻辑是否与制造系统一致，是否能够准确再现制造系统的运行过程。

⑥ 输出结果：将仿真结果输出给用户，包括试验结果、分析结果、统计结果等。

2.4 制造系统模型的特征

制造系统是一个由制造理论、制造技术、制造过程、制造资源和组织体系等组成的复杂系统，按照业务功能不同，制造系统模型可分为设施规划模型、生产计划模型、物流模型、库存模型等。

模型是在研究和解决客观世界中存在的问题，特别是针对复杂系统的问题时，经过一系列的抽象过程，形成的能够用文字、符号、图表等反映客观对象的表示形式，即模型是对现实世界对象或系统的抽象表示。制造系统模型是在忽略一些次要的因素之后，对制造系统的组成、运行规律、优化目标、约束条件、控制逻辑等进行抽象，得到的能够反映制造系统的一些本质特征、运行状态等的模型。制造系统模型应具备以下特征。

① 标准化：虽然制造系统的种类、形式、组织各异，但对于同类型或者相似的制造系统，其模型具有一定的通用性，因此，在建立制造系统模型时，应采用统一、标准化的模型表达形式，来明确定义制造系统中的各个环节、业务流程与活动，实现系统模型的标准化，提高制造系统模型的重用概率与参考价值。

② 可重构性：制造系统不是一成不变的，会随着所处的外部环境变化不断优化，因此制造系统模型应具有良好的可重构性，便于在制造系统发生变化后对应地进行模型优化，使模型能够始终反映制造系统的实际情况。

③ 一致性：制造系统的组成与运行逻辑十分复杂，在建立制造系统模型时要注意逻辑抽象的正确性，在模型中定义的各个对象及其属性、模型的控制流程等都能够准确地反映真实制造系统中对应的实体。

④ 完备性：针对需要建模解决的问题，制造系统模型应能够完整地反映该问题在真实制造系统中涉及的实体，包含实体的属性、控制逻辑、运行流程等，能够基于模型进行对应问题的求解，并获得与实际情况相匹配的结果。

⑤ 可理解性：制造系统模型的语法和语义应具有良好的可理解性，便于人和计算机进行理解，并保持理解结果的一致性。

2.5 面向对象的系统建模方法

面向对象是一种模拟在真实世界中实体通过相互作用来解决问题的方法。在采用面向对象方法解决问题时，先将事物分解为一个个对象，再定义对象拥有的属性和方法，对象之间通过消息传递实现分工合作，完成整个系统要实现的任务和功能。

UML（united modeling language）是一种典型的面向对象的建模方法，统一了建模方法规范，消除了建模方法在不同类型系统之间的差异，支持从高度抽象的级别来建立系统模型。在利用 UML 进行系统建模时，使用多种不同的视图来反映系统的不同功能与流程，通过视图之间的关联与转换实现对整个系统的全面描述与定义，将这些视图组合在一起，就构成了整个系统的模型。

UML 常用的视图包括类图、对象图、用例图、活动图、时序图、状态图、协作图、部署图、构件图 9 种。其中在建立系统模型时常用的有类图、对象图、用例图、活动图、时序图。

（1）类图和对象图

在系统中，对象指系统中包含的任何事物，对象不仅可以是具体的事物，还可以是抽象的规则、逻辑或事件等。对象具有属性和操作，属性是用数据值来描述对象的状态，操作用于改变对象的状态，对象及其操作就是对象的行为。对象实现了数据和操作的结合，使数据和操作封装于对象的统一体中。

具有相同属性和操作的一类对象可以抽象为类。对象的抽象是类，类的实例化就是对象。类同样具有属性和操作，属性是对象状态的抽象，操作是对象的行为的抽象。

类图是描述系统中的类，以及各个类之间的关系的静态视图，是面向对象系统建模中最常用和最重要的图，是定义其他图的基础。类图通常包含类、接口、协作和关系。例如对于制造系统中的计划调度子系统，其类图表示如图 2-2 所示。

Schedule（调度类）：对应调度员基本信息表，包括工号、计划下发时间、任务完工时间等属性。可以查询工人加工、设备运转等状态信息。

EuipmentManagement（设备管理类）：对应相关设备信息，包括设备编号、开始加工时间、完工时间、设备类型等属性。可以通过调用设备管理类，获取设备使用中的相关信息。

Planing（计划类）：包括工作令号、名称、开始时间、完工时间计划、备注等信息，通过调用此类，实现对计划的查询、接收。

ManageDispatchJob（管理下发计划类）：包括工作令号、工艺过程卡号、工

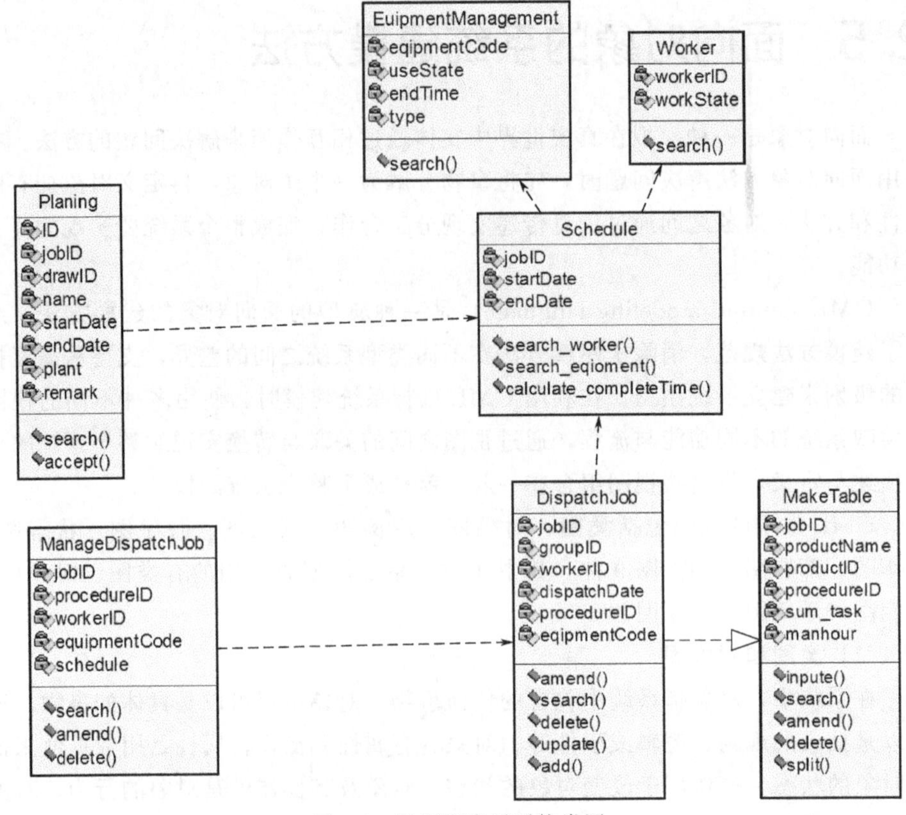

图 2-2　计划调度子系统类图

人工号、设备编号、计划等属性，可通过调用实现对下发计划的查询、修改、删除。

DispatchJob（任务分派类）：对应工作令号、工人组别、工号、下发任务时间、工序设备编号。可以通过调用这个类，实现对计划的查询、修改、删除、增加等操作。

MakeTable（制定计划类）：对应工人工号、产品名称、产品编号、工艺过程卡编号、工时、总加工件数等属性。可通过调用这个类，实现对制定的计划的输入、查询、修改、删除、拆分。

Worker（工人类）：对应工人基本信息，包括工号、工作状态，可通过调用这个类，获取工人的实时状态。

（2）用例图

用例图用于表示用户与系统交互关系，表示用户和与他相关的用例之间的关系。用例图可以表示系统不同种类的用户和用例，用例图中显示了系统的用户、用户能够在系统中进行的操作和系统能够为用户提供的功能等。在用例图中，用户用人形表示，用例用椭圆表示，连线表示用户和用例的关系。例如，对于制造系统中的计划调度员（简称计调员），其用例图如图 2-3 所示。

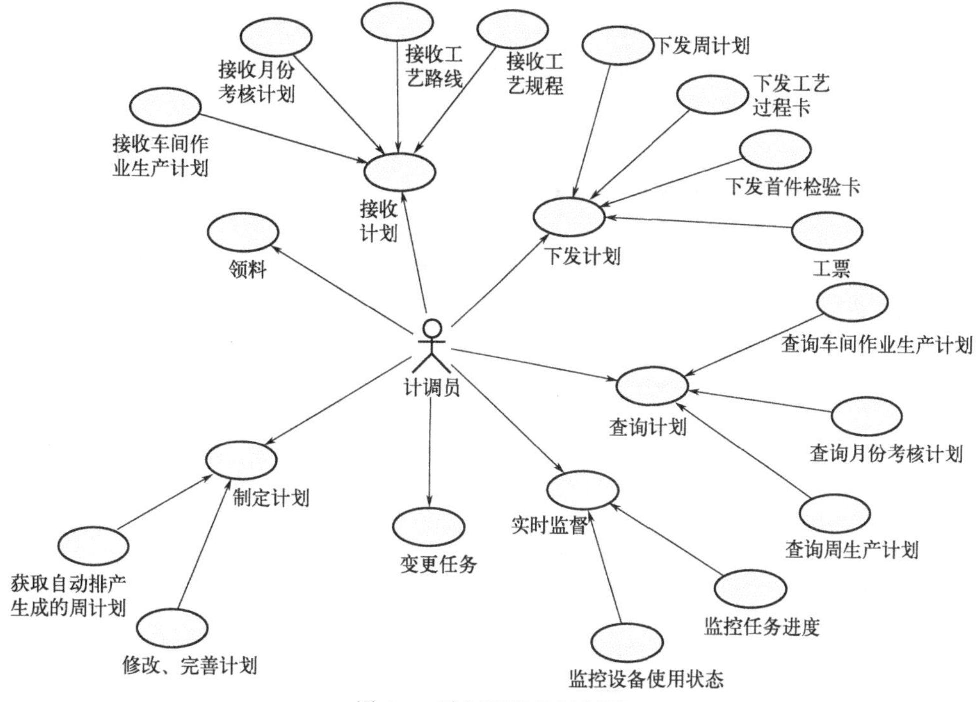

图 2-3　计划调度员用例图

计划调度员得到科研生产处下发的车间生产作业计划和月份考核计划，根据车间生产作业领取工艺文件，领料；然后根据相应排产算法以及对于监控设备的使用状态、任务进度等信息，生成工人生产计划以及周计划，并可对计划进行修改和完善；将制定计划以及工艺过程卡、首件检验卡、工票一并下发给工人；在计划下发后可对下发计划进行查询，以及根据科研处任务变更进行计划调整。

(3) 活动图

活动指系统中正在进行的事务，既可以是系统中某一项工作，也可以是系统中某个类或对象的一个操作。活动图用来描述操作的行为，也可以描述用例和对象内部的工作过程。活动图依据对象状态的变化来捕获动作（将要执行的工作或活动）与动作的结果。活动图主要侧重于表现系统行为，描述系统中对象活动的顺序与所遵循的原则。例如在制造系统中，计划调度管理主要包括以下几个活动图。

图 2-4 为接收计划的活动图。接收计划是车间作业的源头，它具体是指在车间接收科研处下发的车间生产作业计划和月份考核计划，在完成计划的接收后，要根据计划从工艺管理系统中导入工艺文件。

图 2-5 为领料活动图。车间在接收到计划后，计调员根据计划填写领料单，根据领料单去物料部门领取材料，并且将物料存放在车间周转库中，等待工人加工时使用。

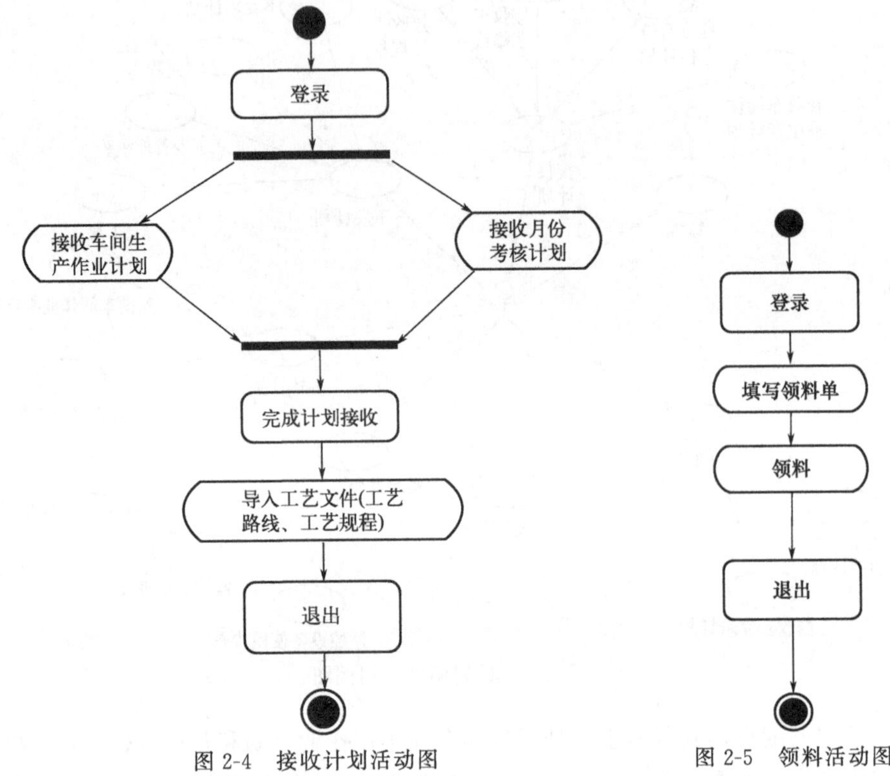

图 2-4　接收计划活动图

图 2-5　领料活动图

图 2-6 为填写过程卡活动图。在该制造系统中，各种卡片如工艺过程卡、首件检验卡、工票等起着贯穿整个系统的作用，而这些卡片是从准备下发计划开始的，在计划调度中卡片上填写的信息主要是计划的相关信息，而且工艺过程卡中的材料信息要经过检验员的核实，必须在合格后才能向后续工作流转。

图 2-7 为下发计划活动图。计调员对于工人具体计划的安排主要是通过工艺过程卡来体现的，而对于计划的排产，后期可能使用一些自动排产的方法，制定出周计划以及详细的工人生产计划。在获取到这些自动生成的计划后，计调员可以对人员、设备或计划完成时间等进行一些修改、调整，在修改完善之后，将通过工艺过程卡、首件检验卡、工票将任务具体分给每个工人，将周生产计划下发给班组长。

图 2-8 为计划变更活动图。计划变更主要包括以下三种情况：科研处下发转批单，它是针对一些紧急任务的调整，可能是某型号批次中已加工好或正在加工零件转给紧急型号批次，这种情况则需要对原工艺过程卡进行分卡，产生一套与

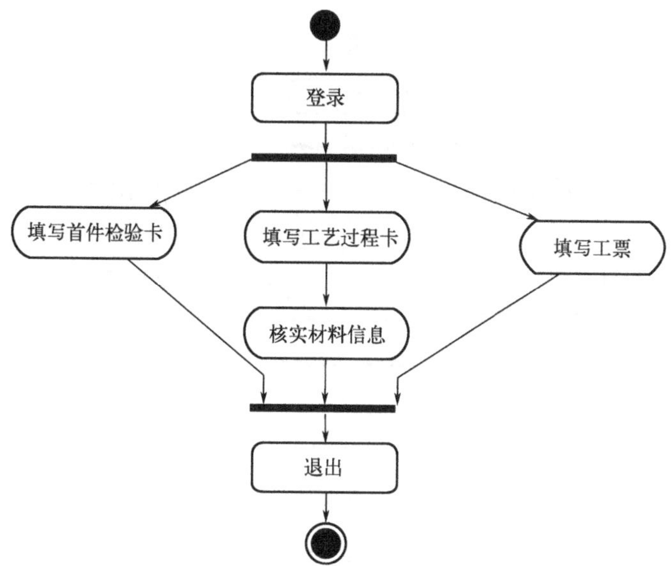

图 2-6　填写过程卡活动图

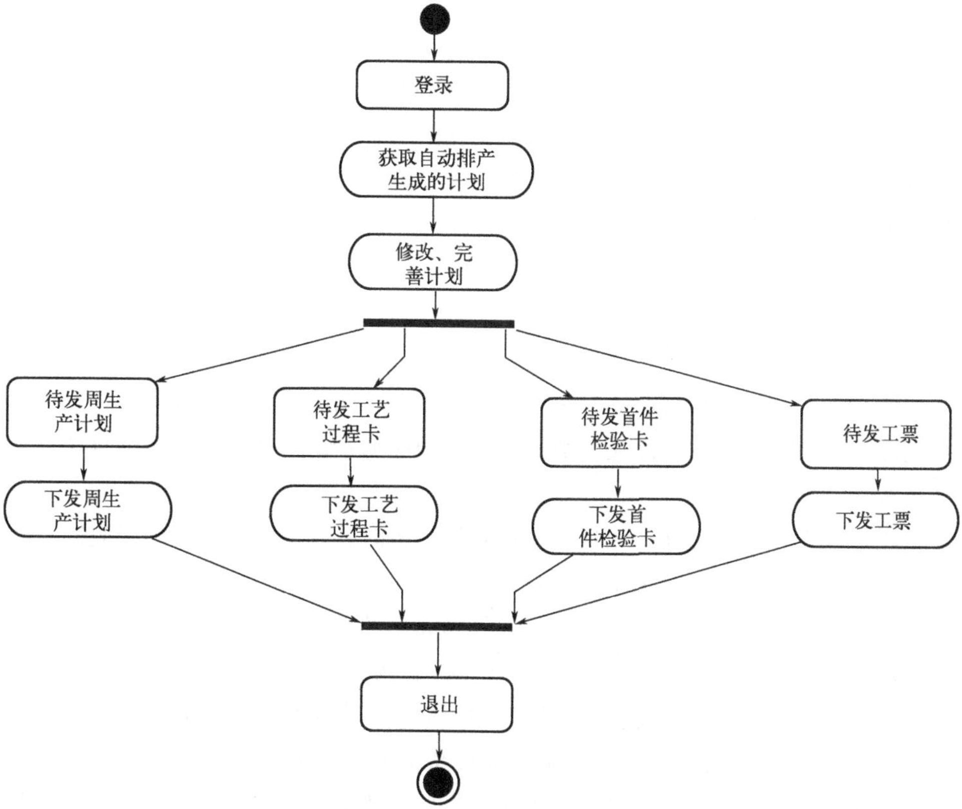

图 2-7　下发计划活动图

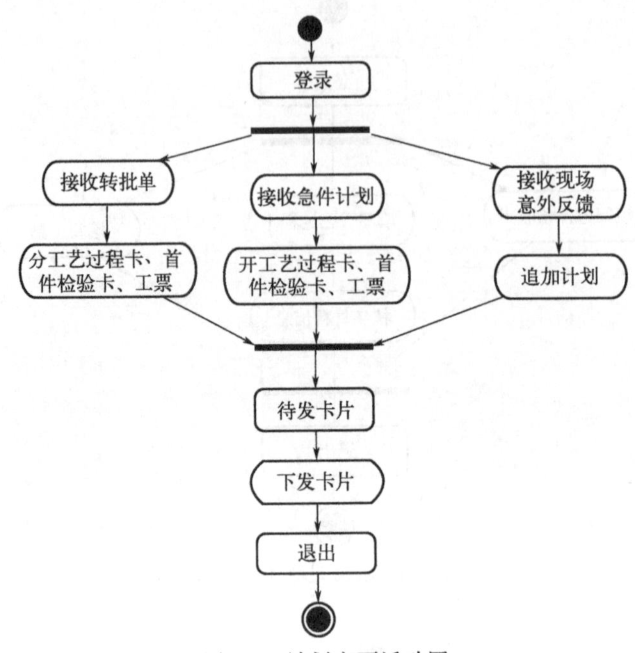

图 2-8　计划变更活动图

原工艺过程卡一致的工艺过程卡、首件检验卡以及工票；紧急计划主要是指车间有可能接收一些零散任务、外协任务，也就是不属于科研处下发计划之列，计调员对这部分任务也要进行一定的调整与安排；追加计划是指某些零件在检验时被判定为报废，科研处将补发计划对原来计划进行补充，计调员需要接收计划进行处理。

(4) 时序图

时序图（也称顺序图）所表达的就是对象之间的基于时间的动态交互关系，并着重体现对象间消息传递的时间顺序。时序图有两个维度：垂直维度，也称时间维度，以发生的时间顺序显示消息或调用的序列；水平维度，显示消息被发送到的对象。如图 2-9、图 2-10 所示。

除了以上几种视图外，在进行制造系统建模时，功能结构图可用于表述从系统目标到各项功能的层次关系，如图 2-11 所示。

功能树中表示的制造系统加工任务管理模块的功能如下。

① 任务分派：计调员根据周生产计划、设备状态、工人能力等对工人的加工任务进行细致适当的安排，并在适当的时间将任务下发，并执行。

② 任务变更：当出现例外情况（如设备异常、工人请假等情况）时，计调员能及时获得问题的详细信息，并能对其进行适当的处理，在考虑处理结果的基础上对出现例外情况的任务进行重新分派，保证整体生产进度的正常进行。针对

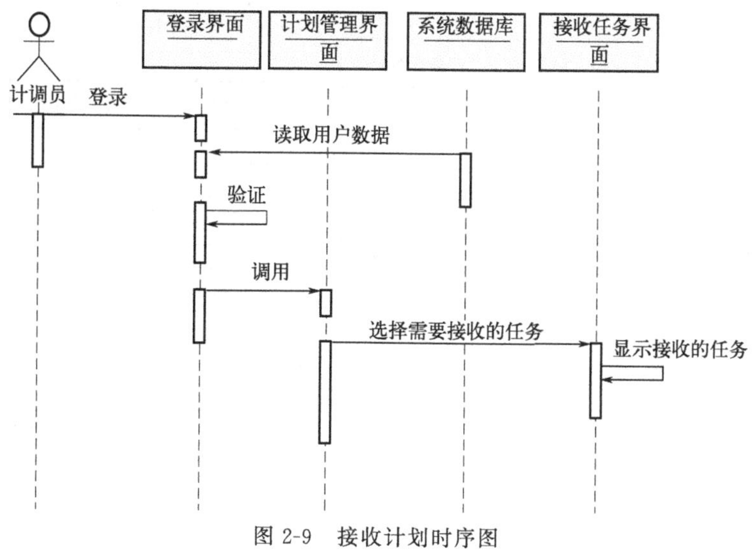

图 2-9　接收计划时序图

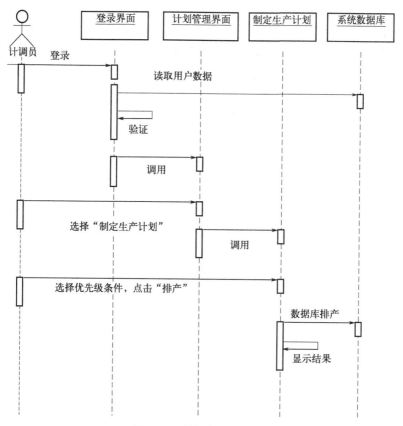

图 2-10　制定计划时序图

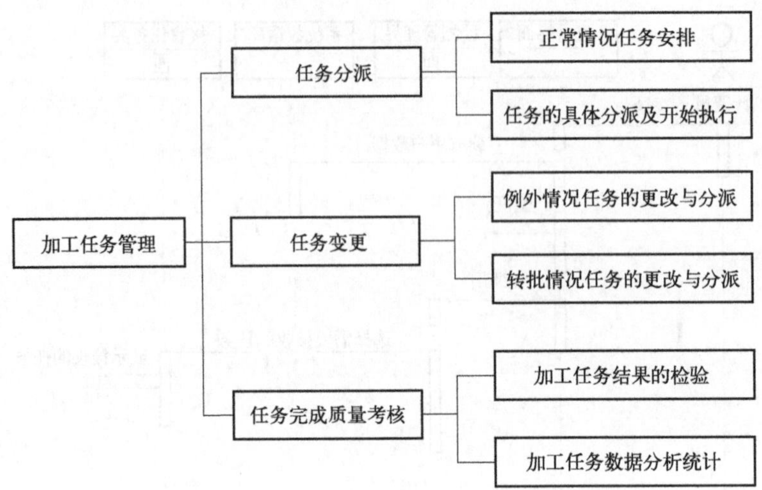

图 2-11　加工任务管理模块功能树

转批情况，需要对原来的任务进行更改，并生成新的任务，保证转批的顺利进行。

③ 任务完成质量考核：在工人加工任务的过程中，及工人完成加工任务后，对其中的重要数据进行采集分析，为系统更好的运行、生产任务的合理下发提供保证。同时也可以对工人的加工能力进行必要的统计和分析。

第3章

制造资源与流程建模

制造资源与流程模型对制造系统中所涉及的对象、规则、目标、过程以及相关制造概念进行公共的、知识化的描述，反映出整个制造系统的生产控制执行情况，是制造系统建模、优化与仿真的基础，主要包括制造系统的组织、生产控制过程的业务过程与功能、制造系统内相关的生产资源与生产信息等。制造资源与流程模型的结构如图 3-1 所示。

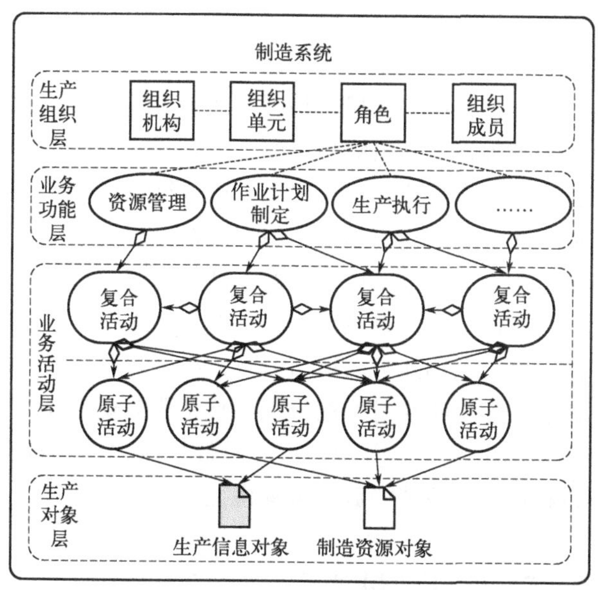

图 3-1　制造资源与流程模型的结构

（1）生产对象层

生产对象是指制造系统中所有生产活动涉及的具体操作对象的抽象，包括物理实体和信息实体。生产对象层分为制造资源类（人员、设备、材料和过程段等）、生产信息类（生产能力信息、定义信息、生产计划信息与生产性能信息等）。

生产对象层处于制造资源与流程模型框架中的最底层，描述了制造系统中各种活动、功能和流程操作的具体操作对象。

(2) 业务活动层

业务活动是指制造系统中进行的日常生产活动，是对生产对象的具体操作。业务活动层处于生产对象层的上一层，主要包括原子活动和复合活动。原子活动是指业务活动中不能再拆分的活动，是对一个特定生产对象的操作。复合活动是可以继续拆分的活动，是由一个特定的角色去执行的具有一定逻辑规则关系的原子活动，通过业务规则将一系列原子活动组织起来，实现一定的业务目标。

业务活动层主要通过对生产对象的操作实现单个角色的执行功能，从而将复杂的生产管理业务与功能进行拆分、分层，降低业务之间的耦合度。

(3) 业务功能层

业务功能层处于业务活动层的上层，实现具体的业务功能或者业务流程。业务功能是指由特定的角色操作一个复合活动实现的具体业务功能，实质上等同于业务活动层中的复合活动，但是业务功能不能被业务流程所调用，而复合活动可以。业务流程是指由不同角色执行的一组具有逻辑关系与结构的复合活动。

业务功能层通过业务功能或者业务流程的执行，最终实现对制造系统中生产控制与执行完整清晰的描述。

(4) 生产组织层

生产组织层是模型框架中的顶层，是制造系统中生产任务与功能的实际承载者，通过组织机构的合理设置与组织功能的合理划分，各种生产活动才能有条不紊地进行，实现生产的最大价值。该层中主要通过组织结构、组织单元、角色与组织成员来描述制造车间中的组织结构与层次关系。

在以上模型框架中，对制造系统的生产控制与运营活动进行分析，依照业务流程与功能对生产对象的操作关系进行分层，在层次之间通过从属关系或者业务规则建立连接。这样将复杂的业务功能与业务流程进行分层简化，低层模型中实现简单的活动，高层模型中实现复杂的流程，且将业务规则分离开来，使得上层模型中内容的改变不会影响下层模型，从而降低层次之间的耦合度，实现可重用、可伸缩与可重构的制造系统资源与流程模型。

3.1 生产对象层建模

生产对象为制造资源类与生产信息类，其中生产信息类的生产对象是以制造资源类的生产对象为基础的。制造资源类主要包括人员、设备、材料、辅助工具、过程段等制造所需要的资源，这类生产对象通常以物理实体的形式存在于实际生产环境中。而生产信息类是指在实际生产管理与执行过程中，在各个部门或者制造环节中流转的生产信息，包括产品定义信息、生产能力信息、生产计划信息与生产性能信息等，通常以表单、数据文件等信息实体的形式存在于生产管理过程中。无论是制造资源类生产对象模型还是生产信息类生产对象模型，都包含若干具体的生产对象，例如生产订单、生产计划、工艺规程、人员、设备、库存记录、质检信息、实际生产信息等。图 3-2 与图 3-3 中给出了制造资源类对象模型与生产信息类对象模型。

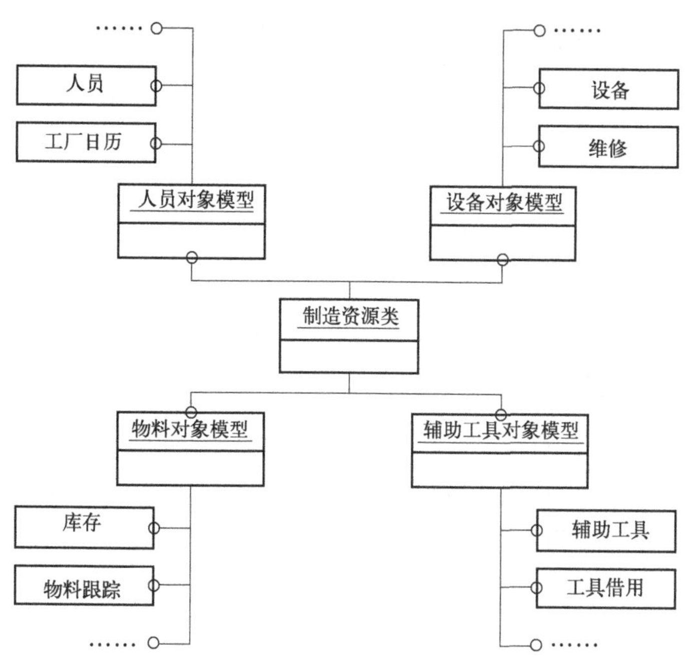

图 3-2　制造资源类对象模型

制造资源类对象模型主要包括人员资源、设备资源、物料资源与辅助工具资源等生产制造过程中所需要的制造资源。它描述了生产所需的各种资源元素，贯穿于生产制造的整个过程，因此其模型应尽可能描述制造资源状况，并满足生产制造过程不同阶段不同层次的应用需求。其中人员资源是指制造过程中的人员制造资源，包括不同工种的工人师傅、制造过程的计划与调度人员等，通过人员中的属性与状态对人员的基本情况、能力情况、当前状态等进行描述，通过工厂日历描述人员的倒班及正常工作时间段情况。设备资源主要是指加工过程中所用到的普通车床、数控车床等主要零件加工设备，通过设备对其属性状态进行描述，通过维修情况描述设备的故障与维修详情。物料资源主要是指加工零件、辅助材料等加工所需的原材料及半成品、成品。通过库存确定库房中原材料、半成品与成品的库存数量，并通过物料跟踪确定物料在车间加工现场的什么位置、具体的

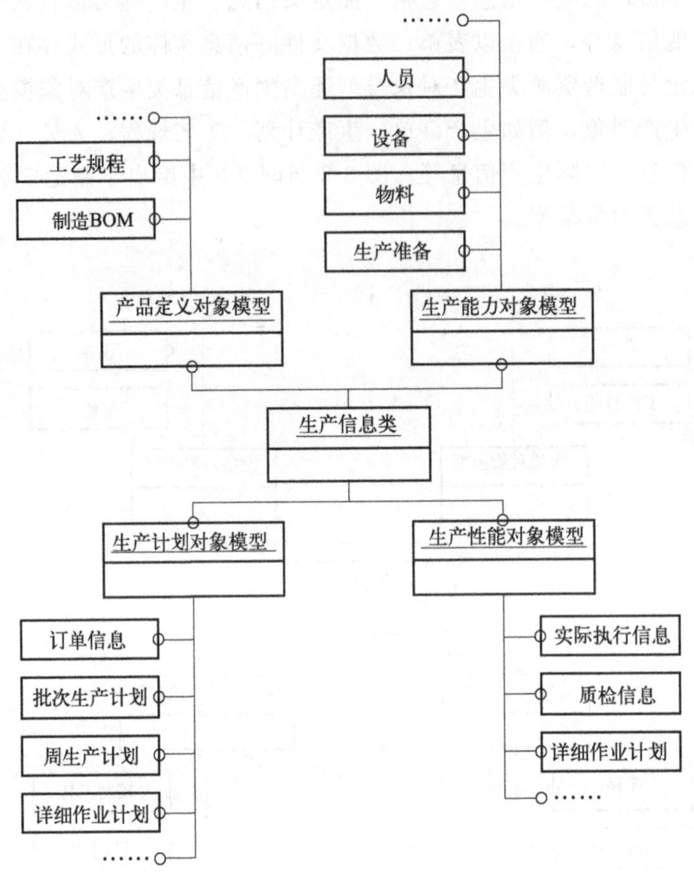

图 3-3　生产信息类对象模型

加工步骤等。辅助工具是指在加工过程中所需要的刀具、夹具的辅助加工的具体工具、通过辅助工具描述其属性与状态、数量等。并在工具借用中记录工具的借还情况。

生产信息类对象模型主要描述在生产控制与管理过程中所需要处理的各种生产信息，包括产品定义信息、生产能力信息、生产计划信息与生产性能信息等。产品定义信息是描述如何制造一个产品。通过产品的生产规则（配方、生产指令或者工艺规程）等描述产品制造的具体步骤及执行顺序，并通过物料清单（bill of material，BOM）确定生产制造过程中所使用的物料。生产能力信息是描述可获得的生产制造资源的生产能力。通过对人员、设备及物料能够提供的生产能力及当前能力的状态进行描述，并确定生产准备的具体情况。生产计划信息是对生产计划进行描述，描述在何时何地生产何物以及需要何种资源。对于不同的层次制定不同的生产计划，提供相应的生产计划信息模型，例如批次生产计划、月生产计划、详细作业计划等。通过各个生产计划信息中的相关属性与状态说明生产计划的开始时间、结束时间、具体的加工工序、使用设备、加工人员、所用辅助工具、物料来源等。生产性能信息模型则说明生产了什么，消耗了哪些资源，也包括对所有加工零件的追踪与反馈信息。通过实际执行信息中的相关属性描述工件乃至工序的实际加工时间、加工设备、加工人员、实际的资源使用情况，与相应生产计划对应，并且通过质检信息描述零件加工过程中质量检验情况。

生产对象（production object，PO）可以用一个四元组表示，记为 $ProductionObject=(poID, poName, poType, poAttributes)$，其中，$poID$ 与 $poName$ 为该生产对象的唯一标识与名称；$poAttributes$ 为 PO 的属性 $poat_i$ $(i=1,2,\cdots,n)$ 的集合；$poType$ 表示生产对象所属的具体的对象模型（包括制造资源类的人员、设备、物料、辅助工具与生产信息类的产品定义信息、生产能力信息、生产计划信息、生产性能信息）的集合，一个具体的生产对象可能属于多个类别的对象模型。图 3-4 给出了生产对象层的模型。

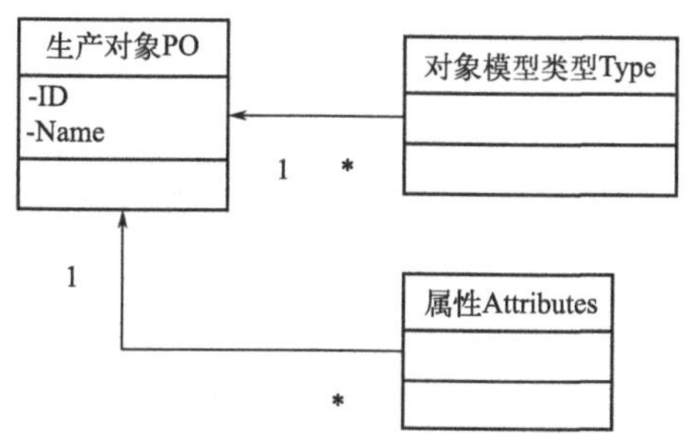

图 3-4　生产对象层模型

对于一个具体的生产对象来说，其对应的并不一定是一个生产类型。例如对于生产对象——人员，属于制造资源类中的人员对象模型，同时在生产信息类中的生产能力信息对象模型中也包括生产对象——人员。在制造资源类中的人员对象模型中，人员是作为一个具体的生产对象通过具体的属性进行描述。在生产信息类中的生产能力信息对象模型中，通过人员的属性描述来说明人员具体的生产能力。

3.2　业务活动层建模

业务活动层主要包含在生产控制执行过程中所要完成的具体的操作，依据其所完成操作复杂程度的不同、与角色的关系等，将其分为原子活动和复合活动，从而将复杂的生产管理业务与功能进行拆分、分层，降低业务之间的耦合度。

原子活动（atomic activity，ATA）是指作用在某个特定生产对象上的一个原子性操作，表示为 $AtomicActivity=(ataID, input, output, operation)$。

$ataID$ 为该原子活动的唯一标识；po（ata）为 ata 所操作的生产对象；$input$（ata）与 $output$（ata）分别表示原子活动 ata 的输入元素与输出元素；$operation$（ata）为对生产信息 po（ata）的原子性操作，包括读取、创建、更新和删除，下面公式中给出了对于 $operation$（ata）的不同取值，$input$（ata）与 $output$（ata）相应的取值。

$$operation=\begin{cases} read & input=null,output=po(ata) \\ creat/update & input=po(ata),output=po(ata) \\ delete & input=po(ata),output=null \end{cases}$$

原子活动并不关心生产对象的具体属性是什么，只是对生产对象进行相应的原子操作，其输入元素与输出元素为整个生产对象。例如对于生产信息类中生产计划信息中的订单信息这个生产对象，其包括产品型号、零部件名称、任务编号、订单数量、交货期、生产任务状态等属性。则与订单生产对象相关的原子活动有订单的读取、增加、修改、查询与删除操作。原子活动直接对生产对象进行操作，在整个 MES 车间模型框架中，只有原子活动能够对生产对象进行直接操作。MES 中相关业务功能与流程的实现都是通过直接或者间接地调用原子活动来实现对生产对象的操作。

业务规则是用来描述业务活动之间的限制或者约束，这里基于 ECA 规则进行定义，具体表示为：

$Rule=(ruleID,Inputs,Outputs,activity_1,condition,activity_2,activity_3)$。

其中，$Inputs$（$rule$）表示该业务规则的输入集合，为 $activity_1$、$condition$、$activity_2$、$activity_3$ 的输入的并集；输出集合为 $Outputs$（$rule$），是 $activity_1$、$condition$、$activity_2$、$activity_3$ 的输出的并集；PO（$rule$）表示 $rule$ 所涉及的生产对象集合，为 $Inputs$（$rule$）与 $Outputs$（$rule$）的并集；$activity_1$ 为 $rule$ 的触发事件，即当 $activity_1$ 发生时，触发业务规则 $rule$；$condition$ 表示 $rule$ 的条件，为 PO（$rule$）中某些特定属性满足的条件，表示当 $rule$ 被触发时，对 $condition$ 进行判断，确定执行的功能操作。如果 $condition=null$，则表示不需要做条件的判断，直接执行功能操作 $activity_2$，这时 $activity_3=null$；如果 $condition\neq null$，则需要对 $condition$ 进行判断，当 $condition$ 满足时，执行 $activity_2$，否则执行 $activity_3$，如果 $activity_3=null$，则表示任何功能操作都不执行。这里的 $activity$ 可以是原子活动、复合活动，也可以是业务规则，主要根据应用的模型层次来确定。对于复合活动中的业务规则，其中的 $activity$ 为原子活动或业务规则，而对于业务功能层中业务功能与流程中的业务规则，其中的 $activity$ 为复合活动或业务规则。图 3-5 给出了业务规则的模型。

当一个业务规则执行后，会执行相应的业务活动 $activity$，该业务活动有可能为另一个业务规则的触发事件，则触发了下一个业务规则，相应地也就执行了下一个业务规则中的业务活动。这样，就通过业务规则对业务活动的约束与限制，将其连接起来，形成顺序、分支、汇聚、循环等结构，以满足不同的业务需求。

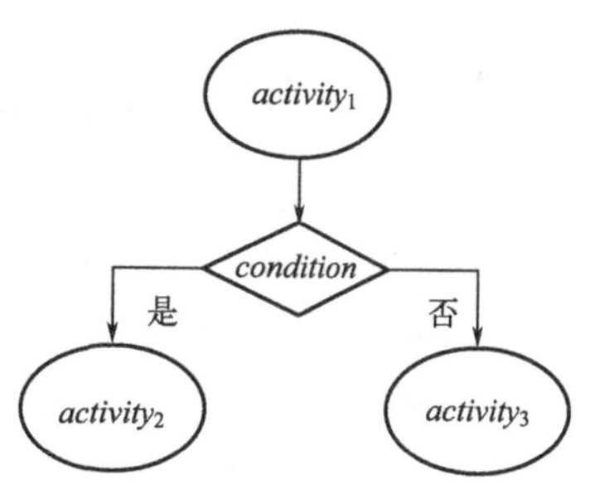

图 3-5　业务规则模型

复合活动（composite activity，COA）是由一个角色不间断执行的一组原子活动所组成的，定义为一个六元组：

$$CompositeActivity = (coaID, Inputs, Outputs, AtomicActivities, SubCOAs, Rules)$$

其中，$coaID$ 为复合活动的唯一标识；$AtomicActivities(coa)$ 为复合活动 coa 中所有原子活动 $atomicactivity_i$（$i=1,2,\cdots,k$）的集合，$SubCOAs(coa)$ 为复合活动 coa 中所有子复合活动 $subcoa_j$（$j=1,2,\cdots,l$）的集合，$Rules(coa)$ 为复合活动 coa 中所有业务规则 $rule_p$（$p=1,2,\cdots,h$）的集合，描述了复合活动 coa 中原子活动与子复合活动之间的执行顺序与结构，这里业务规则 $rule_p$ 中的 $activity$ 可以为原子活动、复合活动或业务规则本身；$Inputs(coa)$ 表示复合活动 coa 输入的集合，具体为 $AtomicActivities(coa)$ 中所有原子活动输入、$SubCOAs(coa)$ 所有子复合活动的输入与 $Rules(coa)$ 中所有业务规则输入的并集；$Outputs(coa)$ 表示复合活动 coa 输出的集合，具体为 $AtomicActivities(coa)$ 中所有原子活动输出，$SubCOAs(coa)$ 中所有子复合活动的输出与 $Rules(coa)$ 中所有业务规则输出的并集。

复合活动可以通过调用多个原子活动或者多个复合活动来实现，通过业务规则将这些活动组合在一起实现特定的功能。但是复合活动所实现的功能只能由一个角色来执行，但这个角色并不唯一。这个特定的角色只是说明在该复合活动的参与者有且只有一个角色，但该复合活动可能被多个业务功能或流程调用，其具体的执行角色则由相应的业务功能或流程来决定。图 3-6 给出了业务活动层模型。

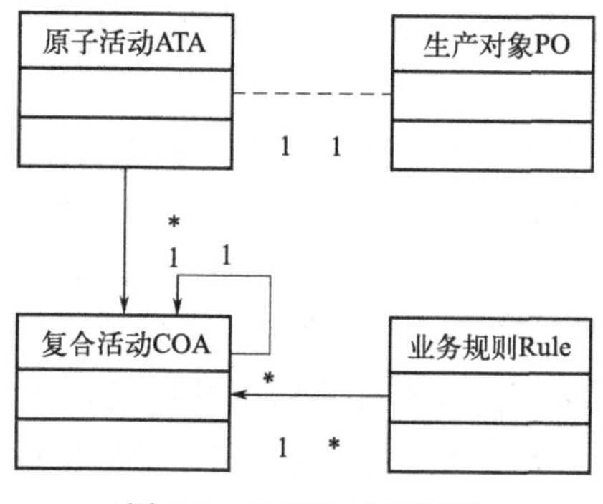

图 3-6　业务活动层模型

3.3 业务功能层建模

在生产对象层与业务活动层中的生产对象模型与业务活动模型，从生产对象及其相关业务活动操作的细节上，为业务功能层中业务功能与流程的建模与实现奠定了基础。业务功能层从功能与流程的角度对业务功能与流程进行建模。生产制造执行与管理的整个过程科学合理地对不同的业务功能与业务流程划分及合理构建，体现制造系统的整体功能。

制造系统的业务功能分为订单处理、生产计划管理、生产准备、生产执行、生产动态调度、数据采集、资源管理、产品数据定义、产品库存管理、质量管理、生产追踪与性能分析 12 个功能模块，具体功能描述如下：

① 订单处理：将上层管理层所下发的生产订单进行处理，将其处理成生产过程中所需要的生产台账或者生产计划。

② 生产计划管理：对生产计划进行管理，包括月度计划、批次计划、周生产计划的制定与管理，以及基于有限资源能力的详细作业计划。

③ 生产准备：基于生产计划及制造资源的生产能力，对生产任务进行生产准备，确定将何种制造资源送到什么生产任务的哪道工序，包括制定生产准备计划、生产准备情况反馈及生产准备中异常的反馈等。

④ 生产执行：依据生产计划与生产准备情况，进行生产派工，指导生产制造流程，并对生产执行情况中异常检验等进行监控与反馈。

⑤ 数据采集：监视、收集和组织来自人员、机器和底层的控制操作数据以及工序、物料信息。这些数据可由手工录入或由各种自动方式获取。

⑥ 质量管理：根据工程目标来实时记录、跟踪和分析产品和加工过程的质量，以保证产品的质量控制和确定产品中需要注意的问题。

⑦ 资源管理：管理和分发与产品、工艺规程、设计，或与工作指令有关的信息，同时也收集与工作和环境有关的标准信息。

⑧ 产品数据定义：对生产任务中的零件生产所需要的具体数据进行定义管理。

⑨ 产品库存管理：对产品从毛坯到成品的各个状态进行管理，确定所有产品的库存情况，及其具体位置、状态信息等。

⑩ 生产动态调度：对生产过程中出现的设备故障、紧急任务的加入、工序任务进度的提前或滞后等生产异常进行处理，保证生产的正常进行。

⑪ 生产追踪：通过监视工件在任意时刻的位置和状态来获取每一个产品的历史记录。该记录向用户提供产品组及每个最终产品使用情况的可追溯性。

⑫ 性能分析：将实际制造过程测定的结果与过去的历史记录和企业制定的

目标以及客户的要求进行比较。其输出的报告或在线显示用以辅助性能的改进和提高。

图 3-7 为业务功能模型。

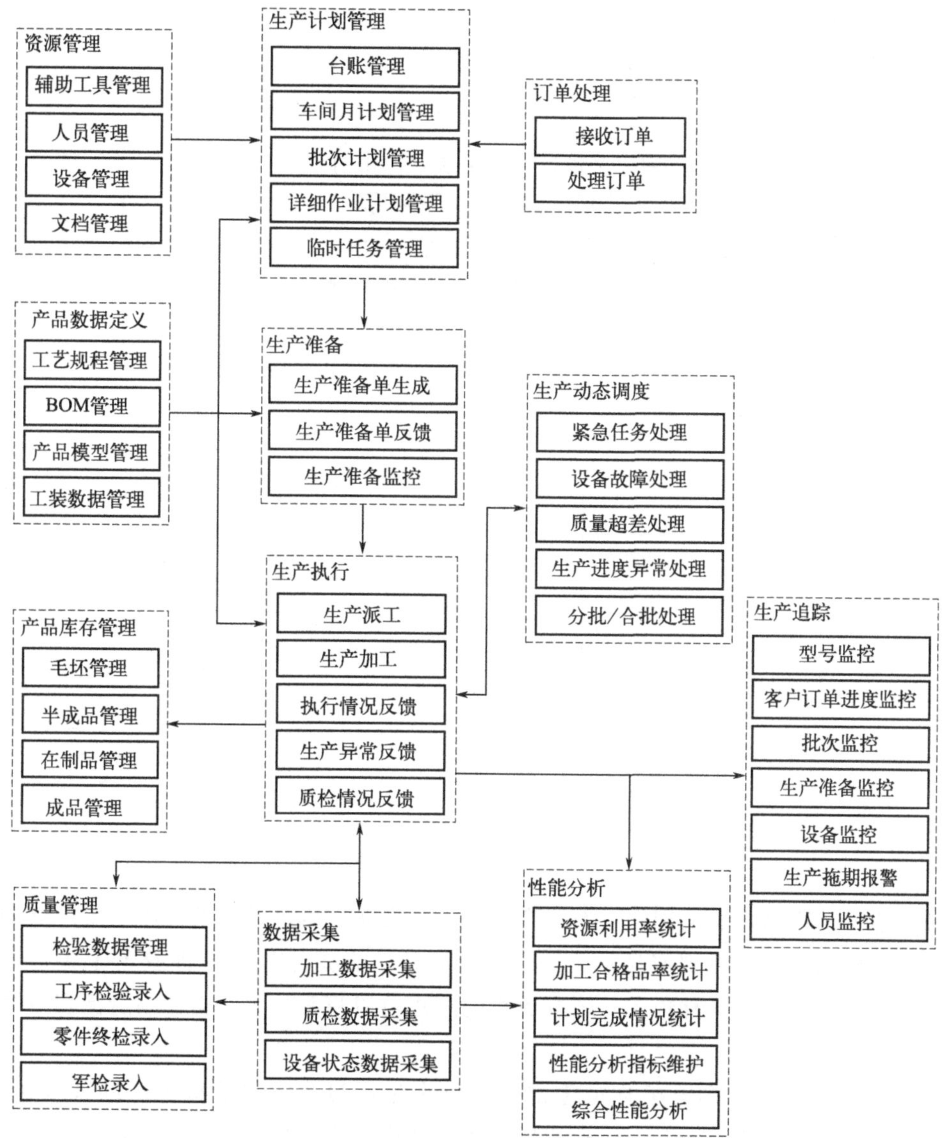

图 3-7　业务功能模型

图 3-8 给出了 MES 生产管理与控制的主要过程。这个过程是由若干个子流程组成的。这些流程都是围绕产品的生产制造而进行的，描述了毛坯从入库进车间到生产成成品检验出库的整个生产过程。这个过程基本包含了 MES 中的大部

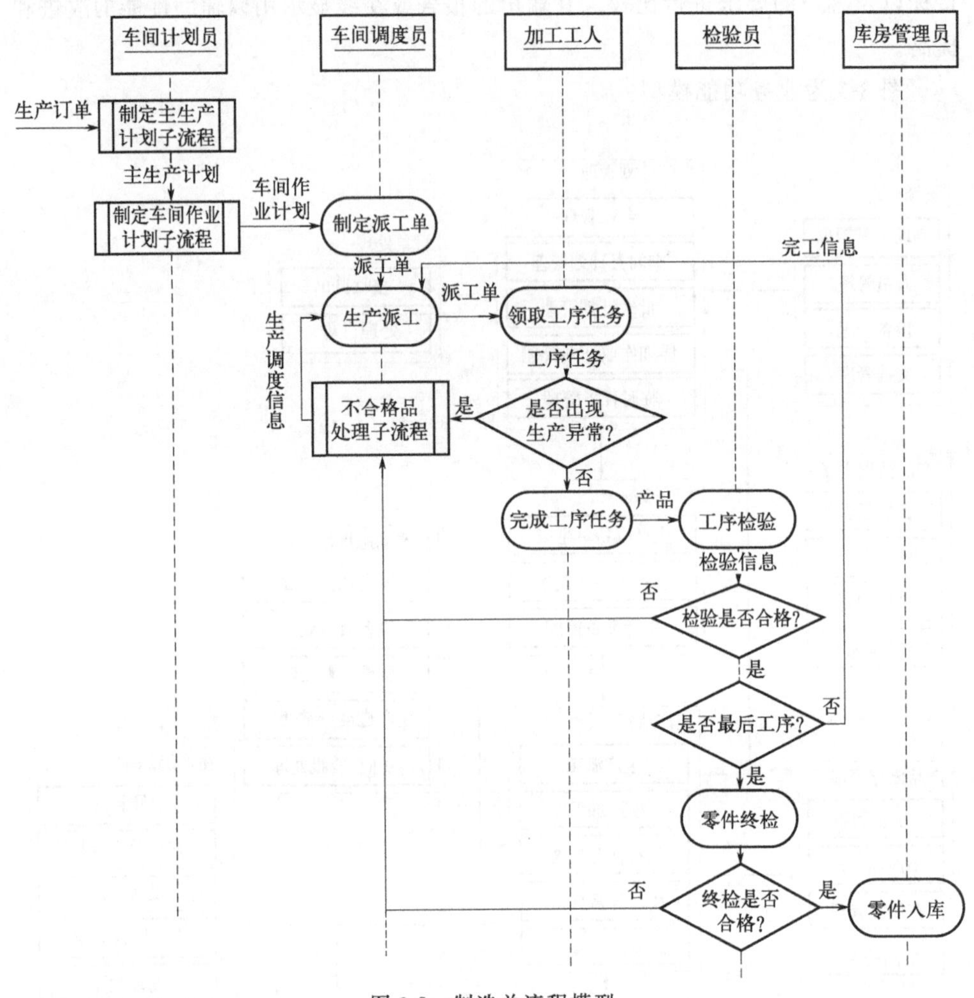

图 3-8　制造总流程模型

分功能，从产品定义的制定发布、资源能力的发布、生产订单的接收、生产计划的制定到执行，最终到产品加工完成检验入库。在这个过程中涉及若干生产对象、业务活动以及各种角色，依据流程的特点可以将其分为两类：制造流程与管理流程。

① 制造流程：包含毛坯或零部件的整个生产过程，包括从生产准备开始，到计划制定、排产、加工、工序检验、生产调度、成品检验的整个过程以及生产过程中出现不合格品时对不合格品的处理流程等。图 3-8 中给出了制造流程模型，该流程包括制定主生产计划子流程、制定作业计划子流程与生产调度子流程。

② 管理流程：这类流程是在制造系统的规章制度或管理精细化程度要求下

进行的，包括计划制定完成后的审批流程、工艺规程的审核流程、产品定义的制定与审批流程、生产准备制定与审批流程及生产派工制定与审批流程等。图 3-9 中给出了作业计划的制定流程。

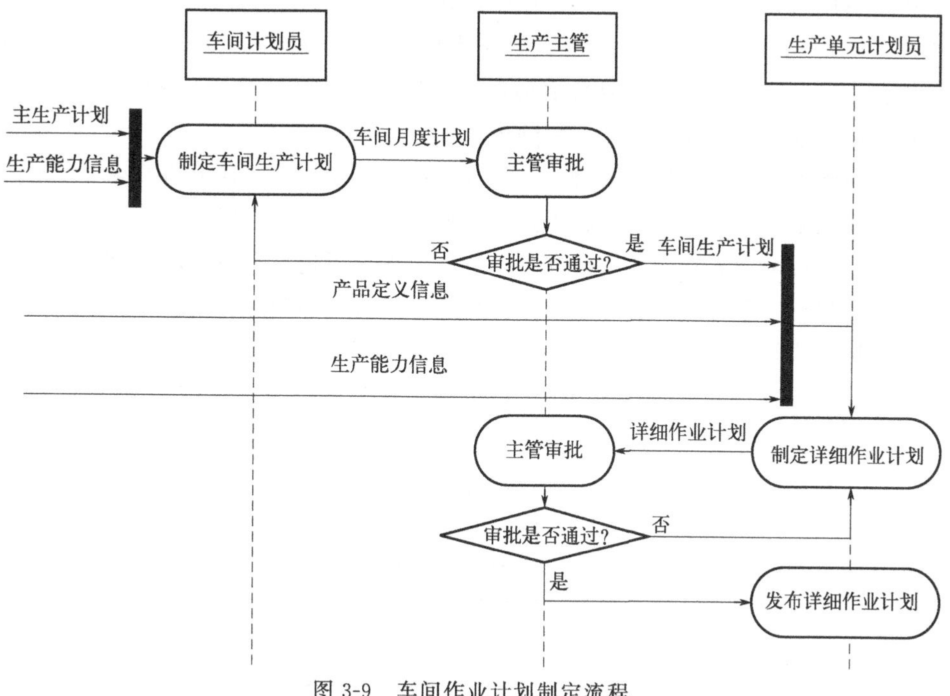

图 3-9　车间作业计划制定流程

制造系统的每个功能都可能包含若干个业务功能或者业务流程，业务功能层的模型也是一样。业务功能层的模型也是通过调用业务活动层模型实现的。为了降低模型框架中元素的耦合度，其业务功能层的模型只能调用业务活动层中的复合活动，且业务功能层在实际业务的实现中处于最顶层的位置，不能被模型中的其他元素所调用。在业务功能层模型中，依照其角色和调用业务活动数量的特点，将其分为业务功能与业务流程，其具体定义如下：

定义 1　业务功能（business function，BF）由特定角色 r 去执行单个复合活动，定义为三元组 $BusinessFunction=(bfID, role, CompositeActivity)$。其中，$bfID$ 为业务功能的唯一标识；$role$ 为该业务功能所执行的特定角色；$CompositeActivity$ 表示在业务功能 bf 中所调用的复合活动。

业务功能在复合活动的基础上添加了执行角色的信息，确定了复合活动与角色之间的关系。在调用复合活动的数量方面，业务功能只能调用一个复合活动，且业务功能不能被模型框架中的任何元素所调用。

定义 2　业务流程（business process，BP）是由不同角色执行的一组具有逻辑关系与结构的复合活动的集合。业务流程可以定义为六元组 $BusinessProcess=$

$(bpID, Inputs, Outputs, Roles, CompositeActivities, Rulers)$。其中 $bpID$ 为业务流程的唯一标识；$Inputs(bp)$ 与 $Outputs(bp)$ 分别表示业务流程 bp 的输入集合与输出集合；$Roles$ 为业务流程 bp 中所有复合活动的执行角色的集合，其中的执行角色与复合活动集合 $CompositeActivities(bp)$ 中的复合活动是一一对应的；$CompositeActivities(bp)$ 表示复合活动 $compositeactivity_i$ $(i=1,2,\cdots,m)$ 的集合；$Rules(bp)$ 是描述复合活动之间的业务规则的集合，其内的 $activity$ 为复合活动、业务规则或者业务流程的子流程。

业务流程是通过业务规则将多个复合活动组合起来，并且不同的复合活动由不同的角色来执行，且业务流程不能被模型中的任何元素所调用。

业务流程与业务功能的区别在于，业务流程中所包含的角色信息有多个，而业务功能只有一个角色。相应的业务流程中可以调用多个复合活动，而业务功能只能调用一个复合活动，并且在业务流程中通过若干个业务规则将复合活动组合起来，而业务功能中没有业务规则。图 3-10 中给出了业务功能层模型。对于图 3-8 中的复杂流程——制造总流程，其中包含了子流程。

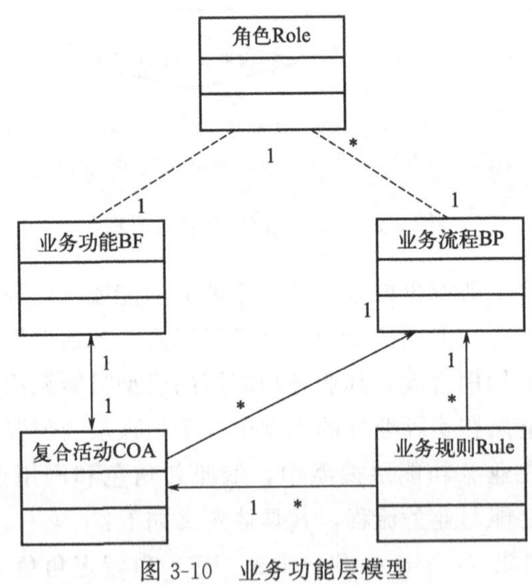

图 3-10 业务功能层模型

3.4 生产组织层建模

生产组织是制造系统中生产活动与功能的实际承载者。生产组织模型描述了制造系统内组织成员的职责、权利和技能，及其与组织机构之间的具体关系等。依据组织单元与角色之间的业务内容与范围的不同，建立了制造系统某车间生产组织结构（图 3-11）。图中顶层为车间主任与副主任，为车间的管理层，主要负责组织实施生产部下达的生产计划，保质保量完成生产任务，并加强成本控制，在保质保量的前提下不断降低成本。车间组织中的下层依照工作性质的不同，分为业务部门与生产部门。业务部门包括计划部门、调度部门、工艺部门、生产准备部门、库房管理部门、质量部门、维修部门等，主要负责生产计划、生产调度与生产过程中相关制造资源与信息资源的管理工作。生产部门则依据工种的不同分为车工班组、铣钳班组、滚磨班组、钣金冲压、数控班组等。不同车间的组织结构也存在差异，有的车间中不存在车间库房，而是直接与上级或者生产部的库房进行协调。有的车间中生产部门的组织并不是依据工种的不同而划分的，而是依据生产任务的种类而划分的。车间具体的组织结构依据不同车间的具体情况而有所不同。

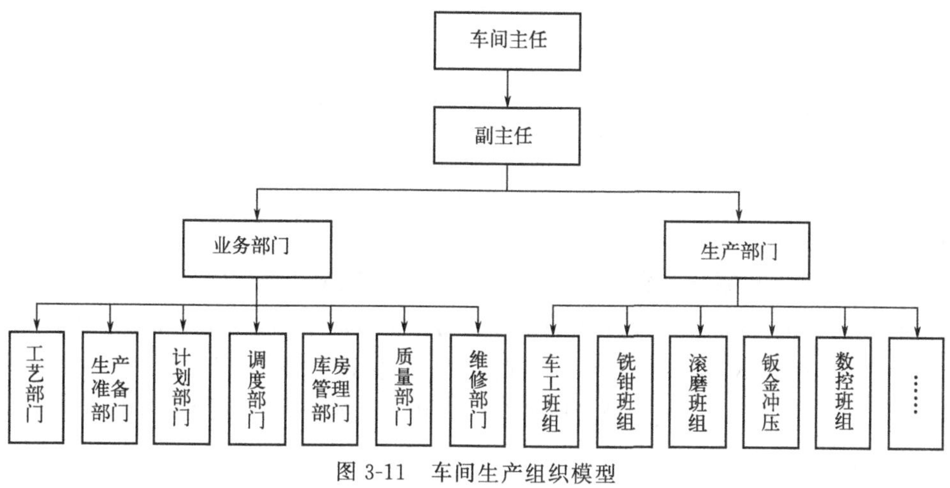

图 3-11　车间生产组织模型

组织结构中，各部门相对独立，又有一定的关系。不同层之间的父子部门之间存在一定的偏序关系，使得整个组织结构体现为一种层次结构。图 3-12 中给出了生产组织层模型，其元素相关定义如下。

角色：指具有某项专业技能的并且能够完成某职责所规定专职任务的人员的集合，如工艺员、检验员等。可以用二元组来表示 $Role=(roleID, permission)$。其中，$roleID$ 为该角色的唯一标识；$permission$ 表示该角色所具有的权限。

组织单元：描述车间的基本功能，是对车间业务部门和人员的抽象，具有共性的属性和行为。可表示为四元组 $OrganizationUnit=(ouID, fatherOU, Roles, ouPermission)$，其中，$ouID$ 为组织单元的唯一标识；$fatherOU$ 为其父组织单元；$Roles=\{r_j \mid j=1,2,\cdots,m\}$ 表示该组织单元所包含角色的集合；$ouPermission$ 表示该组织单元的具体权限。

组织成员：是组织中的个体，具有某个或者某些角色，是组织功能的实际执行者，由四元组 $Member=(memberID, Attributes, OrganizationUnits, Roles)$

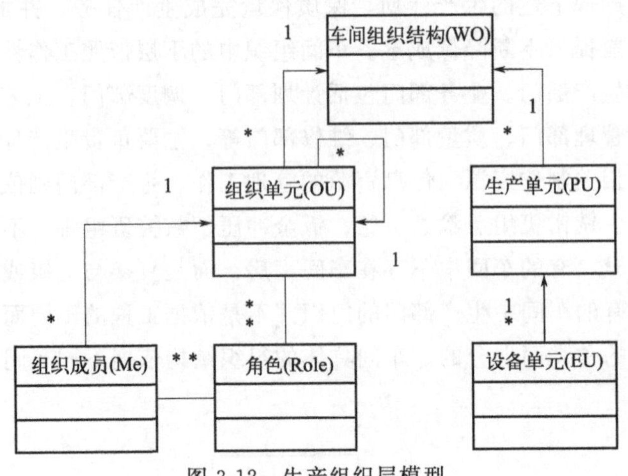

图 3-12　生产组织层模型

来表示。其中 $memberID$ 为组织成员的唯一标识；$Attributes=\{at_i\,|i=1,2,\cdots,l\}$ 为该组织成员所具备的属性信息；$OrganizationUnits=\{ou_j\,|j=1,2,\cdots,q\}$ 为该组织成员所在的组织单元的集合；$Roles=\{r_k\,|k=1,2,\cdots,p\}$ 为该组织成员所具有的角色集合。

生产单元：对制造系统中生产部门的抽象，描述生产部门的生产能力等属性，由四元组 $ProductionUnit=(puID,puName,puAttributes,equipmentUnits)$ 来表示。其中 $puID$ 和 $puName$ 分别为生产部门的唯一标识 ID 和名称；$puAttributes=\{pat_i\,|i=1,2,\cdots,r\}$ 为生产部门所具备的属性，例如工种或是加工零件种类、生产部门布局、加工能力等，$equipmentUnits=\{eqUnit_j\,|j=1,2,\cdots,s\}$ 为生产部门所属的设备加工单元。

设备单元：对制造系统中以加工设备为中心的加工单元的抽象，描述设备的加工能力等属性，由三元组 $EquipmentUnit=(euID,euName,euAttributes)$ 来表示。其中 $euID$ 和 $euName$ 分别为设备单元的唯一标识 ID 和名称；$euAttributes=\{eat_i\,|i=1,2,\cdots,t\}$ 为设备单元所具备的属性。

组织结构：指组织单元按照偏序关系组成的具有一定结构的组织单元集合，定义为 $WorkshopOrganization=(woID,OrganizationUnits)$，其中 $woID$ 为组织结构的唯一标识；$OrganizationUnits=\{ou_i\,|i=1,2,\cdots,n\}$ 为组织单元的集合，各个组织单元之间的关系可以通过组织单元 ou_i 之间的父子关系来表示。

3.5　制造系统本体模型

制造系统模型涉及广域范围内不同类型的企业与车间，不同企业/车间之间对于同一概念的理解与应用存在很大差异。基于本体论建立制造系统领域本体，能够有效地解决不同企业/车间之间的二义性问题。并且基于本体论的领域知识语义描述建立制造系统模型，对模型中所涉及的对象、规则、目标、过程以及相关制造概念进行公共、知识化的描述，能够让计算机更好地理解制造系统模型。

3.5.1 本体的概念

本体论的研究最早起源于哲学领域，被哲学家用来描述事物或者物质的基础。在西方和中国古代哲学史中，分别表示关于存在及其本质和规律的学说，与探究天地万物产生、存在、发展变化的根本原因和根本依据的学说。

近一二十年来，本体论已被计算机领域所采用，广泛用于知识表达、知识共享及重用。目前，许多学科和研究领域都在使用“本体”这个术语，但存在不同的定义。在知识工程领域，Neches 等人于 1991 年首先指出“一个本体定义了组成主题领域词汇的基本术语和关系，以及用于组合术语和关系以定义词汇外延的规则”。Gruber 于 1993 年指出“本体是概念化的一个显式的规范说明或表示”。Studer 等在对本体做了深入研究后，提出了一个被广泛接受的定义，即“本体是共享概念模型的明确的形式化规范说明”。该定义包含四层含义：概念模型、明确、形式化和共享。“概念模型”指通过对客观世界中的一些现象的抽象而得到的概述模型。“明确”指所使用的概念及使用这些概念的约束都具有明确的定义。“形式化”指本体是计算机可读的（即能被计算机处理）。“共享”指本体体现的是共同认可的知识，反映的是相关领域中公认的概念集。

从本体的定义来看，一个领域中的术语、术语的定义以及术语之间的语义网络应是一个领域本体所包含的基本信息。本体的目标是获取、描述和表示相关领域的知识，提供对该领域知识的共同理解，确定该领域中所共同认可的词汇，并从不同层次的形式化模式上给出这些词汇（术语）和词汇间相互关系的明确定义，从而能够描述领域内部甚至更广范围内的一些概念与概念之间的联系。因此，本体是由类（classes）或者概念（concepts）、关系（relations）、函数（functions）、公理（axioms）和实例（instances）等要素构成的对于某一领域知识的描述体系。

（1）类或概念

类或概念是本体应用最广泛的要素，指任何事务，如工作描述、功能、行为、策略和推理过程。从语义上讲，它表示的是集合，是关于对象的抽象描述。

（2）关系

关系表示概念间的相互关系和之间的相互交互，形式上定义为 n 维笛卡儿积的子集 $\boldsymbol{R}$：$C_1 \times C_2 \times \cdots \times C_n$。其中 C_1、C_2、…、C_n 表示概念，它们存在的 n 元关系用 $\boldsymbol{R}$ 表示。

(3) 函数

函数是一个功能性关系，是一类特殊的关系，它说明的是第 n 个元素与之前的 $n-1$ 个元素之间的关系明确且唯一。可以形式化地定义为 F：$C_1 \times C_2 \times \cdots \times C_{n-1} \rightarrow C_n$。其中 C_1、C_2、…、C_n 表示概念，F 表示函数。

(4) 公理

公理是表达领域知识中永远正确的知识，其布尔表达值永真，代表永真断言，如概念 A 属于概念 B 的范围。

(5) 实例

实例是说明本体概念的一个实体，代表分别隶属于一系列本体概念的对象，某个领域内的所有实例就是所谓的概念的域。

领域本体描述的是特定领域中概念和概念之间的关系，可以表示某一特定领域范围内的特定知识。这里的“领域”是根据本体构建者的需求来确立的，它可以是一个学科领域，可以是某几个领域的一种结合，也可以是一个领域中的一个小范围。

3.5.2 制造系统领域本体构建过程

本体的创建过程是一个理解、分析和归纳领域知识的过程。目前，本体的构造方法及其性能的评估还未形成统一的标准，但是有一点得到了公众的认可，在对特定领域的本体进行构造时，必须要求该领域专家参与。制造系统领域本体构建可分为以下几个步骤，如图 3-13 所示。

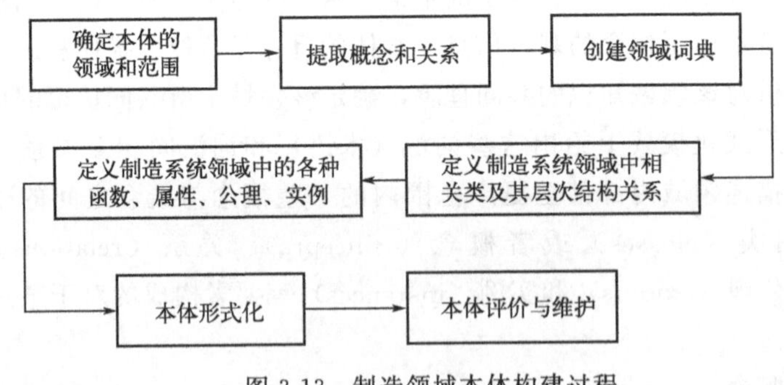

图 3-13　制造领域本体构建过程

① 确定制造系统本体的应用领域范围和应用目的。在本体建立之初，就必须明确该本体建立的目的和上下文。根据所研究的领域和目的建立相应的领域本体，领域越大、目标越广，所建本体越复杂。

② 提取概念和关系。列举领域内使用频率最高的词汇（术语），提取概念和关系。在领域概念集中，类和属性是同等重要的。例如在定义“机床”的时候，

相关概念有数控机床、轴数、行程、工作台尺寸等，其中轴数、行程、工作台尺寸均为机床的属性。

③ 创建领域词典。在领域词典中对领域本体中涉及的术语、类、关系、属性等词汇进行明确定义。

④ 定义制造系统领域相关类及其层次结构关系。采用自顶向下（top-bottom）、自底向上（bottom-top）或者二者相结合、中间扩展等方法定义领域内所包含的类。我们选择词条来表达那些可以独立存在的对象，这些词条就是我们定义的类。然后我们把它们按照一定的层次关系组织起来。类之前的层次结构关系包括部分-整体关系、继承关系、实例关系、属性关系、相似关系、使用关系以及其他各种关系等。

⑤ 定义制造系统领域各种函数、属性、公理、实例。

⑥ 本体形式化。上述各类本体定义都是用自然语言描述的，需要用形式化语言对这些本体进行形式化描述，才能达到规范化、概念化表达领域知识的目的。本节采用网络本体语言（web ontology language，OWL）来形式化地表示本体。

⑦ 本体评价与维护。对建立的本体进行评价，如果这些本体足以回答所有本体能力问题，则相对于这些问题的本体是完备的，否则需要定义新的概念及其关联关系，通过对本体的添加、修改、删除等工作实现对本体的维护。

需要指出的是，本体的开发和维护是一个不断深化和迭代的过程，不可能一次就建立一个完善的本体，需要在实际工作中不断对本体进行修改和完善。并且，由于没有一个标准的本体构造方法，不少研究人员出于指导人们构造本体的目的，从实践出发，提出了不少有益于构造本体的标注，其中最有影响的是 T. R Gruber 提出的“5 条本体构造准则”。

① 清晰性、明确性和客观性：本体必须有效地说明所定义术语的内涵。这个定义应该是客观的，而且应尽可能地形式化和完整化，并且应该用自然语言加以说明。

② 一致性：本体的一致性意味着它应该支持与其定义相一致的推理，即由术语得出的推理与术语本身的含义是相容的，不会产生矛盾；所定义的公理以及用自然语言进行说明的文档也应该具有一致性。

③ 最大可扩展性：本体应该可以支持在已有概念的基础上定义新的术语以满足需求，而无须修改已有的概念定义。

④ 编码依赖程度最小：概念的描述不应该只依靠于某一种特殊的符号层来表示，同时实际的系统可能采用不同的知识表示方法，这就要求本体构造时可以采用不同的编码，并且保证其中的兼容。

⑤ 最小约定原则：本体约定应该在能够满足特定的知识共享需求情况下尽

可能地少。这可以通过定义约束最弱的公理以及之定义通信所需的词汇来保证。

3.5.3 制造系统领域本体

在本体描述语义的选择中，相比其他几种语言，OWL 采用面向对象的方式来描述领域知识。基于 OWL，在语法表达、推理能力与网络应用中等多个方面拥有优势。

图 3-14 给出了 OWL 元模型的核心元素。OWLOntology（本体）定义了描述和表示领域知识的各种元素，OntologyProperty（本体属性）将本体与其他本体联系起来。OWLClass 是一个领域中的基本概念，提供以相似特征对个体分组的抽象机制，每个类与一组个体相关联，称为类的实例（Individual）。Individual 描述了数据的个体，是组成 Class 的元素。Property 提供描述 OWLClass 间关系的抽象机制，可以看作 Class 之上的二元关系，且可以通过 SubPropertyOf 形成层次化关系。它包含两种类型的属性：数据类型属性（OWLDatatypeProperty）与对象属性（OWLObjectProperty）。数据类型属性是指类实例与 RDF 文字或 XML Schema 中所定义的数据类型间的关系，而对象属性表示两个类的实例间的关系。OWLRestriction 是一种其个体满足特定属性约束的匿名类，属性约束有两种：值约束（ValueRestriction）和重数约束（CardinalityRestriction）。值约束是对属性值在何种范围、属于何种对象的约束。重数约束是对属性能容纳的值的个数的约束。OWLAllDifferent 是描述某个体列表内所有个体两两不同的特殊元素。EnumeratedClass、IntersectionClass、ComplementClass、UnionClass 主要描述本体中类或者个体之间的关系，分别为

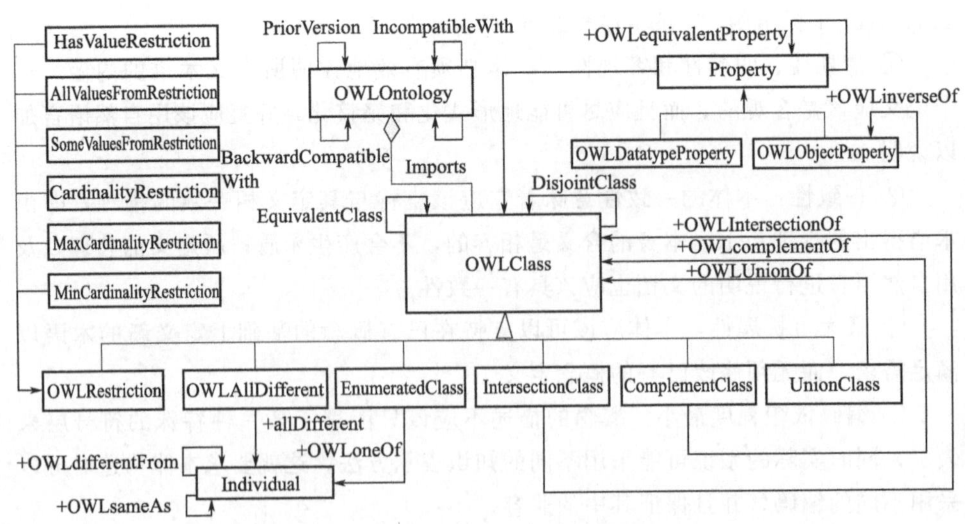

图 3-14　OWL 元模型的核心元素

表示枚举关系、交集关系、补集关系与并集关系。

OWL 元模型基于 OWL 语言，为领域本体的建立提供了基础元模型，通过丰富的元语模型对各个类/概念及其特性进行语义描述，并通过构造函数来构造类和特性，对其之间若干种复杂的关系进行了定义。但是 OWL 元模型是一个通用的领域本体模型，没有专门考虑生产制造车间内各种生产业务及知识层次上的描述需求，对于建立制造系统本体来说，这些内容还不够详细，不够专业，需要做适当的补充和扩展。

（1）车间组织本体元模型

制造系统任务的执行总是在一定的组织结构下进行的，组织结构是很复杂的，包括组织单元信息、角色信息、职责信息等。除此之外，制造系统中生产单元与工作单元的组织与布局，对于生产任务的执行也很重要。制造系统组织本体主要从机构组织与生产组织两个方面对制造系统组织进行描述，见图 3-15。

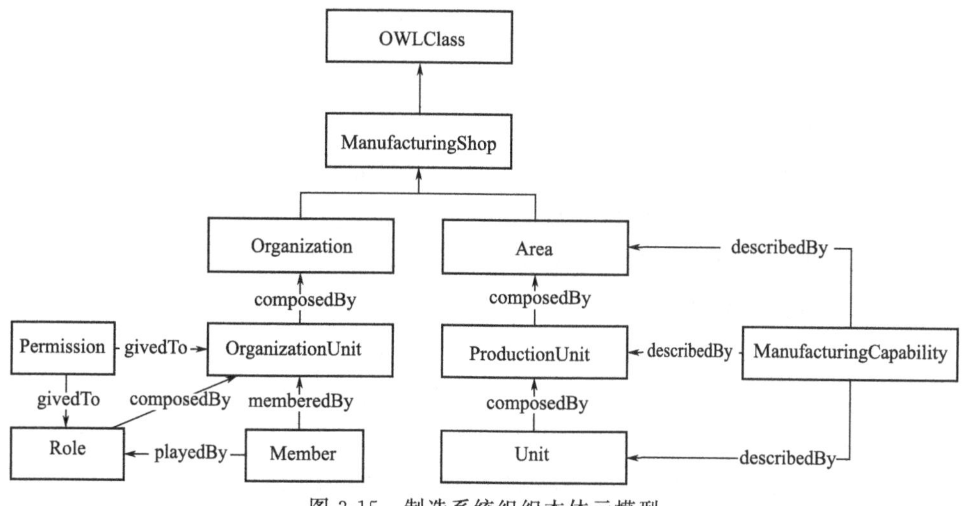

图 3-15　制造系统组织本体元模型

制造系统组织本体元模型主要包括以下类。

① ManufacturingShop 类　ManufacturingShop 类是 OWLClass 的子类，主要用于定义制造系统组织。组织的详细内容通过 Organization 类与 Area 类，从机构组织与生产组织两个方面进行详细描述。

② Organization 类　Organization 类主要用于定义机构组织，从业务的角度对机构组织进行描述。该类属于制造系统中顶层的机构组织，一般处于机构组织根节点的位置。Organization 类包括若干个机构单元（OrganizationUnit）。

③ OrganizationUnit 类　OrganizationUnit 类为机构单元，是机构组织树中的叶子节点，描述制造系统组织中基本功能。OrganizationUnit 类之间可以通过父节点与子节点等属性描述确定若干个 OrganizationUnit 类的实例之间的层次关

系。通过 Permission 类对机构单元的权限进行描述。

④ Role 类　Role 类为角色类，用来描述具有一定性质、能够完成某种职能、具有某种功能的对象。每个 OrganizationUnit 中的职责都是通过其所包含的各个角色来完成的。通过 Permission 类对角色的权限进行描述。

⑤ Member　Member 类为成员类，作为某种角色的单元个体，是组织构成的最小单位。组织单元中每个成员都担任着一定的角色，且其角色可以随着时间的变换发生迁移。因此 Member 类通过 playedBy 关系与 Role 类相关，通过 memberedBy 关系与 OrganizationUnit 类相关。

⑥ Area　Area 类为制造系统的生产区域类，是从生产组织的角度对内执行生产任务的生产现场区域的描述。一个生产区域内包含若干个生产单元（ProductionUnit），通过生产区域的设备布局（EquipmentLayout）和加工能力（ManufacturingCapability）对其进行描述。

⑦ ProductionUnit　ProductionUnit 类为生产单元类，是对生产区域中的生产单元的描述。ProductionUnit 类主要用来描述制造系统中的生产单元，通过生产单元的设备布局（EquipmentLayout）和加工能力（ManufacturingCapability）等对其进行描述。

⑧ Unit　Unit 类用来描述设备单元类，是针对制造系统中最底层的设备制造单元进行描述。Unit 类以设备为中心，通过对该设备的基本信息、加工能力的描述，描述 Unit 的加工能力（ManufacturingCapability）。

（2）车间业务本体元模型

制造系统业务是指在生产过程中为了实现特定的业务目标或生产目标进行的一系列有逻辑顺序的活动。业务功能一般是指完成目标的一系列活动是由一个用户完成的，而业务流程则是由若干个用户分别完成业务流程中的一系列活动，在若干个用户之间形成了业务或者信息的流转。在制造系统业务本体中，为业务功能与业务流程建立统一的本体。在制造系统业务本体中，主要包括以下几个元素：①控制流，即活动间的执行顺序，通过业务活动之间的业务规则实现；②信息流，即有相互关系的活动在执行时传递的信息，通过业务活动的输入输出来实现，若干个业务活动的输入输出形成相应的信息流；③活动，即业务流程中包含的具有独立业务功能的活动。

如图 3-16 所示，制造系统业务本体元模型主要包括以下类。

① WorkshopBusiness 类　WorkshopBusiness 类为制造系统业务类，用来描述业务本体。业务本体通过 BusinessFunction 业务功能与 BusinessProcess 业务流程来描述。业务功能是对制造系统内由单个角色完成的复杂业务的抽象，而业务流程是对制造系统内由多个角色完成的复杂业务的抽象。

② BusinessFunction 类　BusinessFunction 类为业务功能类，是对制造系统

内由单个角色完成的复杂业务的抽象，通过 BusinessProfile 类来描述业务功能要实现的业务目标或者生产目标。业务功能是由业务活动 BusinessActivity 来实现的。

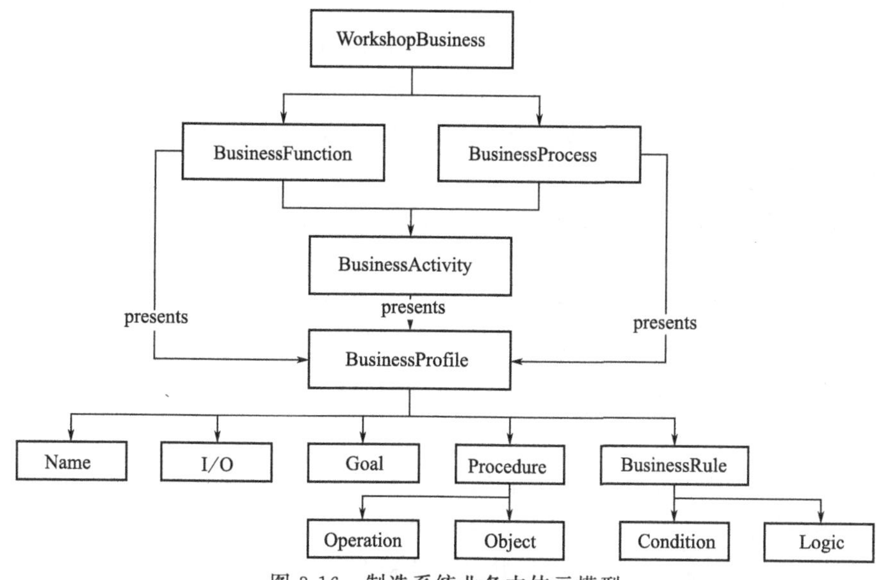

图 3-16　制造系统业务本体元模型

③ BusinessProcess 类　BusinessProcess 类为业务流程类，通过 BusinesProfile 类来描述业务流程要实现的业务目标或者生产目标。业务流程 BusinessProcess 是由一系列有逻辑顺序的业务活动 BusinessActivity 实现的。

④ BusinessActivity 类　BusinessActivity 类是实现业务过程的业务活动类。业务活动是业务本体元模型的基本元素，用来描述业务中较为简单的活动。BusinessActivity 基于 BusinessProfile 类对其属性进行描述。

⑤ BusinessProfile 类　BusinessProfile 类用来描述制造系统中所涉及的业务的具体属性，主要包含名称 Name、输入输出 I/O、实现目标 Goal、实现步骤 Procedure 和业务规则 BusinessRule。Name 用来描述该业务的具体名称；I/O 用来描述该业务的输入与输出；Goal 用来描述该业务具体的实现目标；Procedure 用来描述业务目标实现的具体步骤；BusinessRule 则用来描述实现过程中所用到的业务规则。业务本体中的 BusinessFunction 类、BusinessProcess 类和 BusinessActivity 类都基于 BusinessProfile 类来进行描述。

⑥ Procedure 类　Procedure 类是用来描述制造系统业务目标具体的实现步骤，通过其具体操作 Operation 和操作对象 Object 来描述。这里的 Object 类为制造系统对象本体中的实例，而 Operation 是对这些实例进行的操作，包括增加（Insert）、删除（Delete）、修改（Update）和查询（Query）四类。

⑦ BusinessRule 类　BusinessRule 类用来描述业务过程中的业务关系，即 BusinessActivity 业务活动之间的逻辑关系。BusinessRule 类主要包含两部分内容：

a. 判断条件（condition），说明了业务规则中逻辑判断条件，依据判断条件的结果决定执行哪个逻辑或者哪个业务活动；

b. 逻辑结构（logic），是在 Activity 之间的逻辑控制结构，典型的逻辑控制结构包括顺序（sequence）、循环（loop）、选择（choice）、合并（join）和任意次序（any order）。原子活动是不包含业务规则的，复合活动和业务过程之间可以包含若干个业务规则。

制造系统业务本体元模型通过对业务过程的分析，确定了业务过程及活动所包含的基本内容。

(3) 制造系统对象本体元模型

制造系统对象是指在生产任务执行过程中所处理的生产对象。制造系统需要对从订单下达开始到产品完成的整个产品生产过程进行优化管理。在整个优化管理过程中所涉及的对象分为两类。

① 制造资源对象，是指在产品的生产制造过程中所需要的各种制造资源，主要指底层资源，包括加工设备、物料、人员、刀具、夹具等，具有物理实体。制造资源对象是对制造过程中所需物理制造资源的抽象。

② 生产信息对象，是指生产管理过程中所需要的各种生产信息，包括生产能力信息、生产定义信息、生产计划信息与生产性能信息等。这些生产信息没有相对应的物理实体，其在生产过程中对应的是纸质文档中或信息管理系统的数据库中的相关信息。生产信息对象则是对这些生产信息的抽象。

如图 3-17 所示，车间对象本体元模型中主要包含以下类。

① WorkShopObject 类　WorkShopObject 类用来描述制造系统对象本体，将生产任务执行过程中所涉及的对象分为制造资源对象 ManufacturingResourceObject 与生产信息对象 ProductionInformationObject 两类。制造资源对象是对制造过程中所要用到的物理资源对象的抽象。生产信息对象是对制造系统生产优化管理过程中所需要的信息资源类的抽象。

② ManufacturingResourceObject 类　ManufacturingResourceObject 类是用来描述制造过程中所需要的物理制造资源对象。这里的制造资源主要是指加工一个零件所需要的物理元素，是面向制造系统底层的制造资源，主要包括机床设备、刀具、夹具、量具、材料和操作机床的技术工人等。

③ Person 类　Person 类用来描述零件加工过程中所需要的操作人员，属于 ManufacturingResourceObject 中的一类。Person 类主要是指面向零件加工的技术工人，是零件加工过程中不可或缺的一类资源，可以通过属性 ID、姓名、性别、出生年月、籍贯、住址、通讯方式等基本属性，与工种、学历、技术级别、

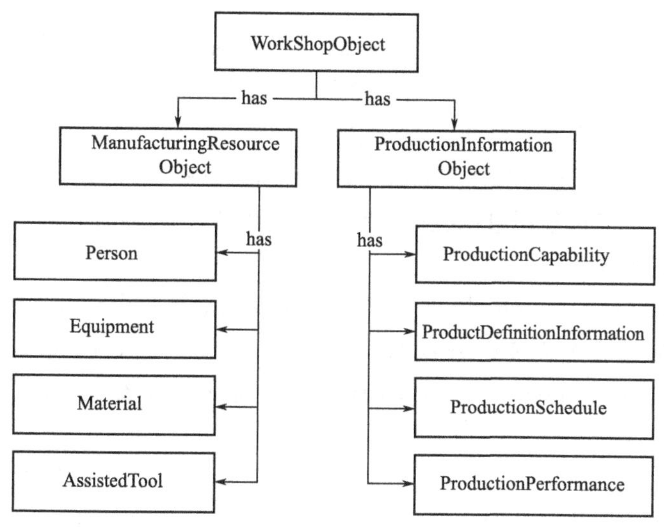

图 3-17 制造系统对象本体元模型

工龄等能力属性来进行描述。

Person 类与制造系统组织本体中的 Member 类存在重叠的内容。Member 类为成员类，是某种角色的单元个体。“加工工人”是车间内的一个角色，对于该角色中的成员 Member，与零件加工过程中的技术工人 Person 类是同一类对象。因此，对于制造系统生产现场零件加工的加工工人可以从车间组织与车间制造资源对象两个角度进行描述。

④ Equipment 类 Equipment 类用来描述制造系统生产现场的加工设备，属于 ManufacturingResourceObject 中的一类。Equipment 类的属性包括制造系统加工设备的名称、类别、生产厂家、购买信息、加工能力、维修保养信息等内容。

⑤ Material 类 Material 类用来描述零件加工过程中所需要的物料资源，属于 ManufacturingResourceObject 中的一类。Material 类的属性包括物料的名称、类别、规格、生产厂家等内容。

⑥ AssistedTool 类 AssistedTool 类用来描述零件加工过程中所需要的辅助工具，包括刀具、夹具、量具、工装等，属于 ManufacturingResourceObject 中的一类。AssistedTool 类的属性包括辅助工具的名称、类别、加工范围、型号规格、库存信息、状态信息等内容。

⑦ ProductionInformationObject 类 ProductionInformationObject 类是指制造系统生产任务执行的优化管理过程中所涉及的生产信息对象，也就是制造系统业务所涉及的信息资源的抽象。ProductionInformationObject 类包括主生产计划、车间作业计划、零件工艺规程、零件制造 BOM、生产执行信息、产品检验信息等内容，可以分为四类：ProductionCapability 类、ProductDefinitionInformation 类、ProductionSchedule 类与 Production Performance 类。

① ProductionCapability 类 ProductionCapability 类为生产能力信息，为制造系统生产任务的执行提供实际生产能力信息。从制造系统的技术工人、加工设备、物料资源等方面对生产能力进行描述。

② ProductDefinitionInfo rmation 类 ProductDefinitionInfo rmation 类为生产定义信息，用于指导制造系统如何制造一个产品，通过产品的生产规则和制造资源清单等进行描述。

③ ProductionSchedule 类 ProductionSchedule 类为生产计划信息，说明何时何地生产何物以及需要何种资源。依据生产任务订单，ProductionCapability 和 ProductDefinitionInfo rmation 中的信息，制定制造系统的生产作业计划，获取 ProductionSchedule。

④ ProductionPerformance 类 ProductionPerformance 类为生产性能信息，说明制造系统生产任务的实际生产情况。生产性能信息主要指依据生产计划信息或者实际生产情况，确定生产任务中每一道工序的实际开始时间、实际结束时间、加工的设备、技术工人，所使用到的刀具、夹具、量具与生产检验的质量信息，实际调度信息等。

图 3-18～图 3-20 分别给出了制造系统组织本体、业务本体与对象本体的部分内容。

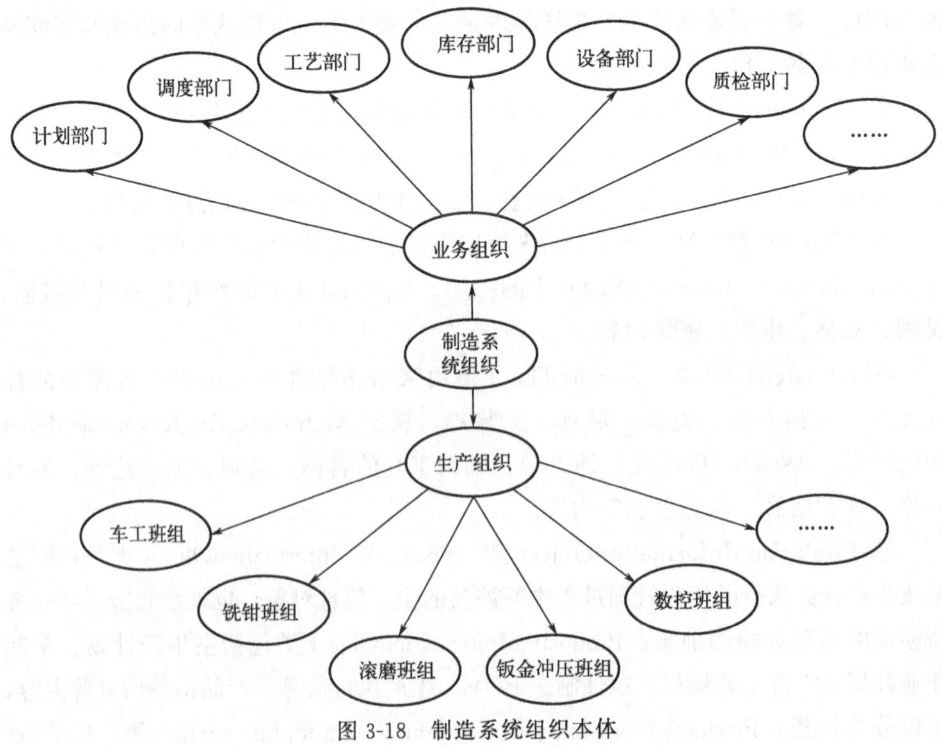

图 3-18 制造系统组织本体

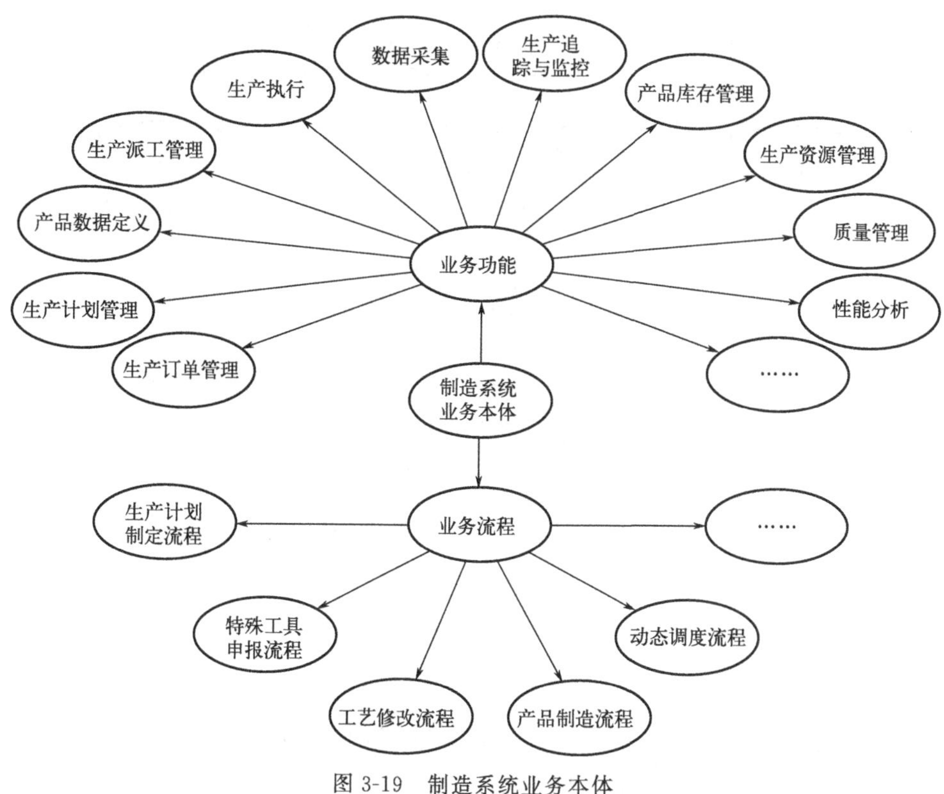

图 3-19　制造系统业务本体

3.5.4　制造系统本体模型语义描述

对制造系统进行建模并定义之后，即可基于该模型进行制造系统的语义描述。如前文所述，本体使用 OWL 语言对制造系统模型进行建模描述，采用该方法生成的制造系统模型是一个严格形式化的计算机可处理模型。本节主要通过实例来描述如何基于制造系统领域本体进行语义化描述。

表 3-1 给出了某车间生产组织的 OWL 描述片段。对该描述片段分析可知，用户首先基于 ManufacturingShop 类定义了一个制造车间——机加工十三车间。该车间的机构组织由“#机加工十三车间_机构组织”描述，生产组织由“#机加工十三车间_生产组织”描述。“#机加工十三车间_机构组织”中给出了 OrganizationID，并且包含若干组织单元 OrganizationUnit（示例中给出了“#机加工十三车间_计划部门”与“#机加工十三车间_调度部门”）。对于 OrganizationUnit——“#机加工十三车间_计划部门”，示例中给出了 OrganizationUnitID，与 fatherOrID，分别说明了“#机加工十三车间_计划部门”的唯一标识 ID 与其父机构的唯一标识 ID。并且通过 Permission——“#机

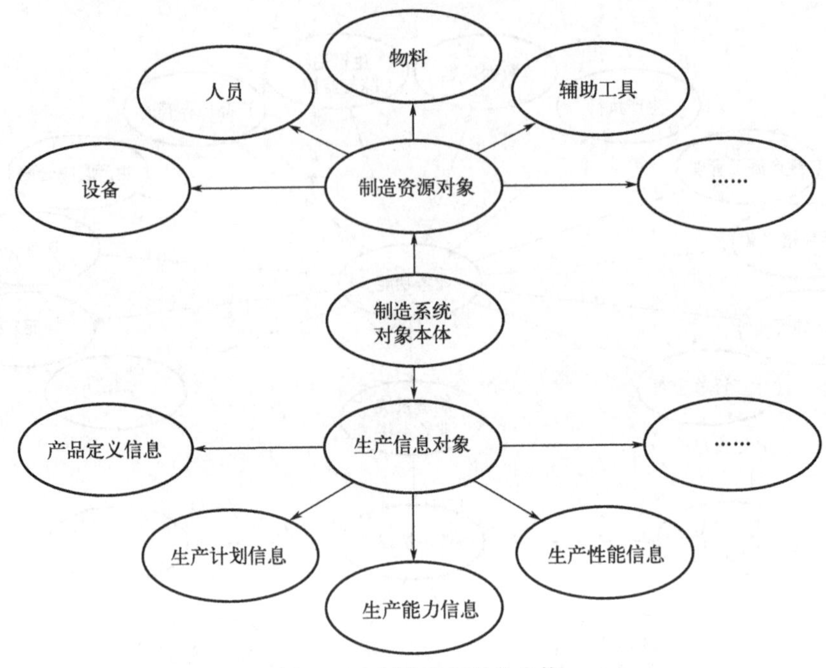

图 3-20　制造系统对象本体

加工十三车间 _ 计划部门 _ 权限”描述了该组织单元的权限，能够操作哪些活动；Role 则描述了有哪些角色属于该组织单元。在“＃机加工十三车间 _ 生产组织”中，则对属于该 Area 的 ProductionUnit“＃机加工十三车间 _ 车工组”和“＃机加工十三车间 _ 铣钳组”等进行了描述。

表 3-1　某车间生产组织描述实例

```
……
<ManufcturingShop rdf:ID="机加工十三车间">
  <has_Organization rdf:resource="＃机加工十三车间_机构组织"/>
  <has_Area rdf:resource="＃机加工十三车间_生产组织"/>
</ManufcturingShop>
<Organization:机构组织 rdf:ID="机加工十三车间_机构组织">
  < OrganizationID rdf: datatype = "http://www. w3. org/2001/XMLSchema ＃ int" > 131 </
OrganizationID>
  <Organization:OrganizationUnit rdf:resource="＃机加工十三车间_计划部门"/>
  <Organization:OrganizationUnit rdf:resource="＃机加工十三车间_调度部门"/>
……
</Organization>
<OrganizationUnit rdf:ID="机加工十三车间_计划部门">
  <OrUnitID rdf:datatype="http://www. w3. org/2001/XMLSchema＃int">13101</OrUnitID>
```

续表

```
    <fatherOrID rdf:datatype="http://www.w3.org/2001/XMLSchema#int">131</fatherOrID>
    <OrganizationUnit:OrPermission rdf:resource="#机加工十三车间_计划部门_权限"/>
    <OrganizationUnit:Role rdf:resource="#机加工十三车间_计划部门_计划组长"/>
    <OrganizationUnit:Role rdf:resource="#机加工十三车间_计划部门_计划员"/>
    ……
</OrganizationUnit>
……
<Permission rdf:ID="机加工十三车间_计划部门_权限">
    <PerformedActivity:Activity rdf:resource="#获取生产订单"/>
    <PerformedActivity:Activity rdf:resource="#审核生产台账"/>
    <PerformedActivity:Activity rdf:resource="#制定生产台账"/>
    <PerformedActivity:Activity rdf:resource="#制定车间月度生产计划"/>
    ……
</Permission>
<Role rdf:ID="机加工十三车间_计划部门_计划组长">
    <Role:RolePermission rdf:resource="#机加工十三车间_计划部门_计划组长_权限"/>
    ……
</Role>
<Permission rdf:ID="机加工十三车间_计划部门_计划组长_权限">
    <PerformedActivity:Activity rdf:resource="#获取生产订单"/>
    <PerformedActivity:Activity rdf:resource="#审核生产台账"/>
    ……
</Permission>
<Role rdf:ID="机加工十三车间_计划部门_计划员">
    <Role:RolePermission rdf:resource="#机加工十三车间_计划部门_计划员_权限"/>
    ……
</Role>
<Permission rdf:ID="机加工十三车间_计划部门_计划员_权限">
    <PerformedActivity:Activity rdf:resource="#制定生产台账"/>
    <PerformedActivity:Activity rdf:resource="#制定车间月度生产计划"/>
    ……
</Permission>
……
<Area:十三车间 rdf:ID="机加工十三车间_生产组织">
    <AreaID rdf:datatype="http://www.w3.org/2001/XMLSchema#int">132</AreaID>
    <AreaLayout rdf:datatype="http://www.w3.org/2001/XMLSchema#String">localhost/areaLayout/机加工十三车间</AreaLayout>
```

续表

```
  <Area:ProductionUnit rdf:resource="＃机加工十三车间_车工组"/>
  <Area:ProductionUnit rdf:resource="＃机加工十三车间_铣钳组"/>
  <Area:ManufacturingCapability rdf:resource="＃机加工十三车间_生产能力">
  ……
</Area>
<ProductionUnit rdf:ID="机加工十三车间_车工组">
  <ProUnitID rdf:datatype="http://www.w3.org/2001/XMLSchema＃int">13201</ProUnitID>
  <fatherAreaID rdf:datatype="http://www.w3.org/2001/XMLSchema＃int">132</fatherAreaID>
  <ProUnitLayout rdf:datatype="http://www.w3.org/2001/XMLSchema＃String">localhost/productionLayout/车工组
</ProUnitLayout>
  <ProUnitCapability:ManufacturingCapability rdf:resource="＃机加工十三车间_车工组_生产能力"/>
  <ProductionUnit:Unit rdf:resource="＃普通车床_1"/>
</ProductionUnit>
<ManufacturingCapability rdf:ID="机加工十三车间_生产能力">
  ……
</ManufacturingCapability>
<Unit rdf:ID="普通车床_1">
  <UnitID rdf="http://www.w3.org/2001/XMLSchema＃string">13201-1</UnitID>
  <Unit:ManufacturingCapability rdf:resource="＃机加工十三车间_车工组_普通车床_1_生产能力">
</Unit>
……
```

表 3-2 中给出了基于制造系统本体的某车间生产执行功能 OWL 语义描述片段。该片段基于 WorkshopBusiness 类定义了一个业务功能“生产执行”的车间业务。该车间业务包括若干个 BusinessFunction 类，实例中给出了 BusinessFunction 类——“＃生产派工”的描述片段。BusinessFunction“＃生产派工”包含业务活动 BusinessActivity“＃生产派工_获取作业计划”与“＃生产派工_获取派工信息”等，通过 BusinessProfile 对其详细信息及规则进行了描述。

表 3-2 某车间生产执行功能描述实例

```
<WorkshopBusiness rdf:ID="生产执行">
  <BFName rdf="http://www.w3.org/2001/XMLSchema＃string">生产执行</BFName>
  <productionExcution:BusinessFunction rdf:resource="＃生产派工"/>
  <productionExcution:BusinessFunction rdf:Iresource ="＃生产加工"/>
```

续表

```
……
</WorkshopBusiness>
<BusinessFunction rdf:ID="生产派工">
  <BusinessActivity rdf:resource="#生产派工_获取作业计划"/>
  <BusinessActivity rdf:resource="#生产派工_获取派工信息"/>
  ……
  <BusinessProfile rdf="http://www.w3.org/2001/XMLSchema#string">将正确的派工单在适合的时间下发给正确的对象</BusinessProfile>
……
</BusinessFunction>
< BusinessActivity rdf:ID="生产派工_获取作业计划">
  < Goal rdf = "http://www.w3.org/2001/XMLSchema # string" >获取正确的作业计划</ActivityProfile>
  <getDetailScheduleBR:BusinessRule rdf:resource="#获取作业计划_1"/>
  <getQueryCondition: BusinessActivity rdf:resource="#生产派工_获取作业计划查询条件"/>
  <queryDetailSchedule: BusinessActivity rdf:resource="#生产派工_查询作业计划"/>
  ……
</BusinessActivity>
<BusinessActivity rdf:ID="查询作业计划">
  <Goal rdf="http://www.w3.org/2001/XMLSchema#string">查询作业计划</ActivityProfile>
  <Input:ProductionSchdule rdf:resource="#详细作业计划"/>
  <Output:ProductionSchdule rdf:resource="#详细作业计划"/>
</BusinessActivity>
<BusinessRule rdf:ID="生产派工业务规则_1">
  <Condition:Activity rdf:ID=null/>
  <Logic rdf="http://www.w3.org/2001/XMLSchema#string">sequence</Logic>
  <Activity1: BusinessActivity rdf:resource="#生产派工_获取作业计划"/>
  <Activity2: BusinessActivity rdf:resource="#生产派工_获取派工信息"/>
  <Activity3: BusinessActivity rdf:resource=null/>
</BusinessRule>
……
```

表 3-3 中给出了基于制造系统领域本体的某车间制造流程 OWL 语义描述实例片段。其中 BusinessProcess 类描述了"#制造流程"，其中包括 BusinessProfile 描述制造流程目标，与若干 BusinessActivity 类。BusinessProfile 中对"制造流程"的基本信息进行描述。实例中对于 BusinessRule"制造流程规则 _ 1"与 BusinessActivity"生产派工 _ 获取作业计划"给出了描述片段。

表 3-3　某车间制造流程描述实例

```
<BusinessProcess:BusinessProcess rdf:ID="#制造流程">
  <BusinessProfile:BusinessProfile rdf:resource="制造流程概况">
  <ProcessProfile rdf="http://www.w3.org/2001/XMLSchema#string">完成产品工序生产</ProcessProfile>
  <mProcessActivity: BusinessActivity rdf:resource="#生产派工_获取作业计划"/>
  ……
</BusinessProcess>
<BusinessProfile:BusinessProfile rdf:ID="制造流程概况">
  <Name rdf="http://www.w3.org/2001/XMLSchema#string">制造流程</ Name>
  <Goal rdf="http://www.w3.org/2001/XMLSchema#string">依照工艺要求,完成产品工序生产</ Goal>
  <BusinessRule:BusinessRule rdf:resource="#制造流程业务规则_1"/>
  ……
</BusinessProfile>
<BusinessRule rdf:ID="制造流程规则_1">
  <Condition:Activity rdf:ID=null/>
  <Logic rdf="http://www.w3.org/2001/XMLSchema#string">sequence</Logic>
  <Activity1:ComposeActivity rdf:resource="#生产派工_获取作业计划"/>
  <Activity2:ComposeActivity rdf:resource="#生产派工_获取派工信息"/>
  <Activity3:Activity rdf:resource=null/>
</BusinessRule>
<BusinessActivity rdf:ID="生产派工_获取作业计划">
  <BusinessProfile:BusinessProfile rdf:resource="#生产派工_获取作业计划_概况"/>
  <getQueryCondition: BusinessActivity rdf:resource="#生产派工_获取作业计划查询条件"/>
  ……
</BusinessActivity>
……
```

表 3-4 中给出了某车间生产对象的 OWL 语义描述实例片段。该实例中对 ManufacturingResourceObject 类“机加十三车间 _ 制造资源类对象”中的 Equipment 类中的普通车床——“普通车床 _ 1”与 ProductionInformationObject 类“机加十三车间 _ 生产信息类对象”中的 ProductionSchedule 类中的车间月度计划——“机加十三车间 2012 年 7 月生产计划”进行了语义描述。

表 3-4　某车间生产对象描述实例

```
  <WorkShopObject rdf:ID="机加十三车间生产对象">
<ManufcturingResourceObject rdf:ID="机加十三车间_制造资源类对象">
  <Equipment rdf:ID="机加十三车间_制造资源_设备">
    <普通车床 rdf:ID="普通车床_1">
      <制造资源属性>
```

续表

```
        <购买日期 rdf:ID="购买日期_普通车床_l">
          <数据类型 xml:lang="en">DATE</数据类型>
          <属性值 xml:lang="en">2000-7-1</属性值>
        </购买日期>
      </制造资源属性>
      ……
    </普通车床>
    ……
  </Equipment>
  ……
</ManufacturingResourceObject>
……
<ProductionInfomationObject rdf:ID="机加十三车间_生产信息类对象">
  <ProductionSchedule rdf:ID="机加十三车间_生产信息_生产计划">
    <车间月度计划 rdf:ID="机加十三车间 2012 年 7 月生产计划">
      <生产计划属性>
        <制定日期 rdf:ID="制定日期_机加十三车间 2012 年 7 月生产计划">
          <数据类型 xml:lang="en">DATE</数据类型>
          <属性值 xml:lang="en">2012-6-10</属性值>
        </制定日期>
        ……
      </生产计划属性>
    </车间月度计划>
    ……
  </ProductionSchedule>
  ……
</ProductionInfomationObject>
……
  </WorkShopObject>
```

3.6　制造系统业务活动模型建模

3.6.1　业务活动领域知识模型

车间在进行业务活动时涉及一系列与业务活动相关的数据、状态、处理过程等信息，这些信息是对业务活动客观事实的反映与描述，对其进行分析与组织后可转换为业务活动领域知识。本节采用概念、特征和规则的三层结构对车间业务活动领域知识进行划分。概念层面的知识描述了车间业务活动领域中的术语、活动的属性、操作等；特征层面的知识描述了业务活动的状态、活动执行过程、活动的输入/输出等；规则层面的知识是对业务活动执行过程中的执行顺序、业务规则等的定义与描述。综上所述，车间业务活动领域知识包括以下几个方面。

① 车间业务活动领域的相关概念和术语。

② 业务活动的属性、操作、执行过程、输入/输出等特征。

③ 业务活动执行顺序、业务规则等规则性知识。

④ 业务活动的概念、术语、特征等之间的相互关系。

按照上面几个要素对车间业务活动领域知识进行分析，得到图 3-21 中的元模型。

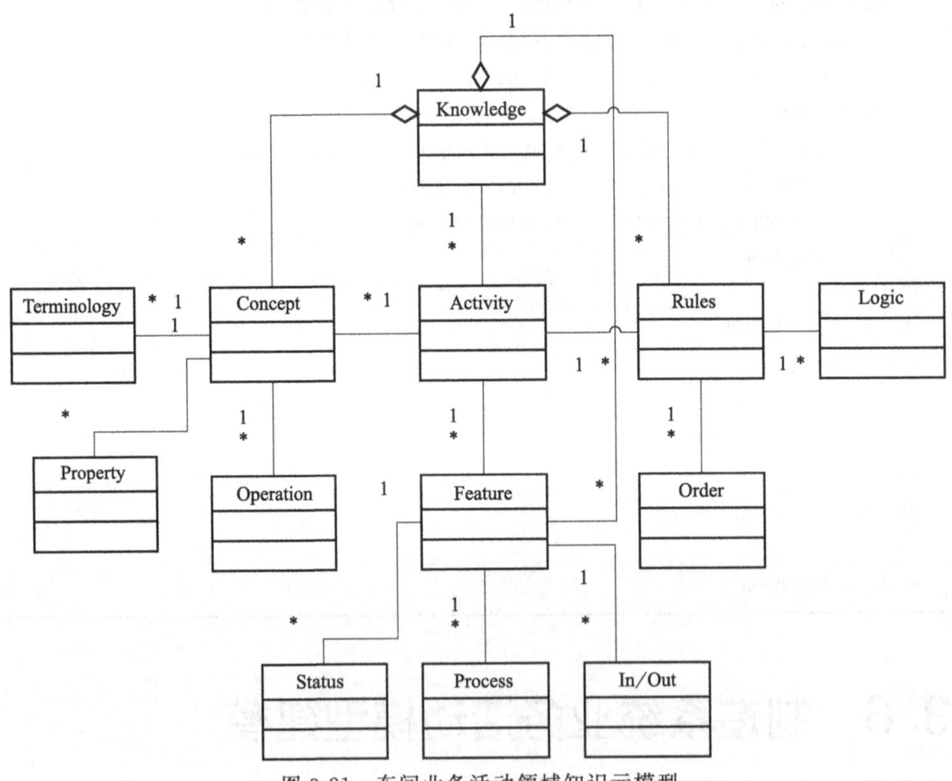

图 3-21　车间业务活动领域知识元模型

车间业务活动领域知识元模型形式化描述如下：

```
Knowledge::=Activity,Concept,Feature,Rules
Activity::=Concept,Feature,Rules
Concept::=Terminology,Property,Operation
```

```
Feature::=Status,Process,In/Out
Rules::=Order,Logic
```

其中：Knowledge 为业务活动领域知识，包括业务活动 Activity、业务活动包含的概念 Concept、业务活动的特征 Feature 与业务活动需要遵守的规则 Rules；Activity 包括活动的概念 Concept、特征 Feature 和规则 Rules；Concept 包括业务活动领域的术语 Terminology、属性 Property 与业务活动所包含的操作 Operation；Feature 包括业务活动的相关状态信息 Status、业务活动的执行过程 Process 与业务活动的输入/输出 In/Out；Rules 包括业务活动的执行顺序 Order 与业务逻辑 Logic。

在图 3-21 元模型基础上对车间业务活动领域进行综合分析后，可对其进行如图 3-22 中的划分：产品定义知识、计划管理知识、生产派工知识、动态调度知识、质量管理知识、现场管理知识、制造资源管理知识、生产监控知识与统计知识。

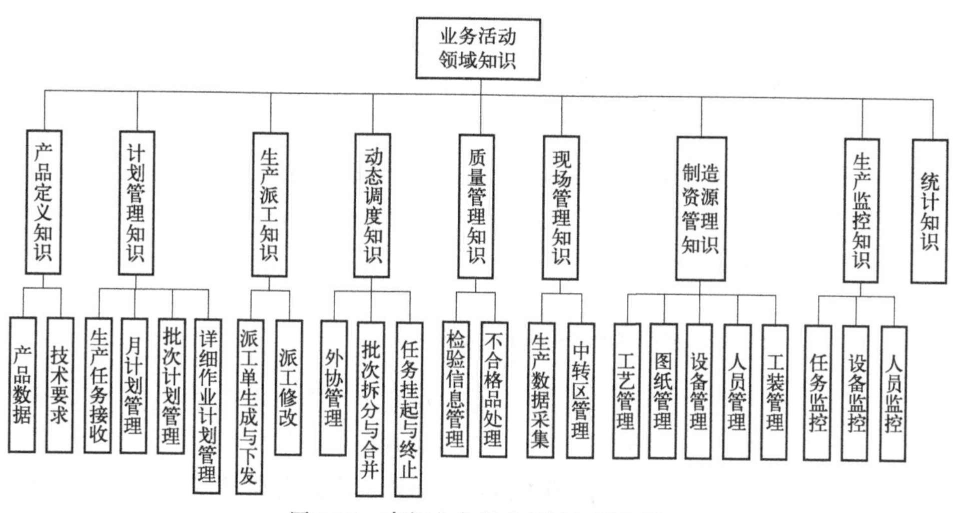

图 3-22　车间业务活动领域知识分类

① 产品定义知识包括产品数据与技术要求等。产品定义是车间安排产品生产的基础和依据，包括产品型号、名称、材料牌号、图号、尺寸要求、公差、表面粗糙度等。

② 计划管理知识包括任务接收、月计划管理、批次计划管理、详细作业计划管理等。计划管理是连接企业生产计划与车间计划的桥梁，负责接收企业生产计划并进行分解，生成可指导生产的车间月计划、批次计划与详细作业计划，同时为绩效考核、节点控制等提供依据。

③ 生产派工知识包括派工单生成与下发及派工修改。生产派工在车间计划

生成后将计划下发到车间现场进行生产，派工方式包括派工到设备、派工到人员等，同时当计划发生变化后，负责对派工结果进行修改。

④ 动态调度知识包括外协管理、批次拆分与合并、任务挂起与终止等。动态调度对生产现场异常情况的处理，保证生产顺利进行，包括异常处理规则、任务临时更改规则、设备更换规则等。

⑤ 质量管理知识包括检验信息管理、不合格品处理等。质量管理负责采集产品生产过程中的质量信息，包括首检、三检、终检等，还包括对不合格品判定标准与处理方式，包括让步接收、返修、报废等。

⑥ 现场管理知识包括现场数据采集、中转区管理。现场管理是对生产过程中的领活、完工等数据进行采集，并对产品临时中转区进行管理，是工时统计、绩效考核、生产监控等的重要数据来源。

⑦ 制造资源管理知识包括工艺管理、图纸管理、设备管理、人员管理、工装管理等。制造资源管理对制造过程中需要用到的资源进行管理，包括这些资源的数量、状态、位置等，保证资源的可用性以确保生产过程顺利进行。

⑧ 生产监控知识包括任务监控、设备监控、人员监控等。生产监控是车间管理层获得现场生产情况的重要手段，在对现场管理中采集到的生产数据进行分析与汇总后以图表等形式展现给管理人员。

⑨ 统计知识是对车间生产情况、成本、质量信息等的汇总，包括年度、季度、月度生产统计、质量信息统计、成本统计、能耗统计等以及在统计过程中用到的规则与算法等。

3.6.2 业务活动领域本体元模型

车间业务活动领域本体是对车架业务活动领域知识的建模与描述，可以作为业务领域知识的获取与存储工具。建立本体的方法一般分为两种：①自上而下地建立本体，即先定义抽象、概括的本体，再逐步定义到更加具体的本体；②自下而上地建立本体，即先定义具体的本体，再概括出抽象的本体。在对车间业务活动领域知识分析的基础上，相应地将车间业务活动本体分为产品定义本体、计划管理本体、生产派工本体、动态调度本体、质量管理本体、现场管理本体、制造资源管理本体、生产监控本体与统计本体，采用自上而下的方式在结构上对车间业务活动领域知识进行细化，进而生成车间业务活动领域本体。Gruber 教授提出以下构建本体的 5 条基本原则为本体的构建提供指导。

① 明确性：领域知识本体应该用自然语言，对该领域的术语给出明确、客观的语义定义。

② 完备性：所给出的定义应该是完备的，能充分表达特定术语的含义。

③ 一致性：知识推理的结论与术语本身的含义不会产生矛盾。

④ 最小约束：对建模对象应该尽可能少地列出限定、约束条件。

⑤ 最大单向可扩展性：向知识本体中添加通用或专用术语时，通常不需要修改已有的内容。

本章以活动为粒度对车间业务活动本体进行划分，对车间生产及管理过程中涉及的活动以及活动进行的过程进行分析后，按照 Gruber 教授提出的本体构建基本原则，从概念类、属性、关系、属性约束四个方面建立了图 3-23 中的本体元模型，在元模型中：

① 概念类是对车间业务活动领域中类的定义，定义了领域中的术语概念。概念类包括活动、事件、资源、规则。活动是领域本体的基本粒度，是对车间为了完成某个特定目标而进行的业务活动的定义；在业务活动实现过程中需要进行一系列操作，事件提供对这些操作的定义；资源是对活动与事件完成过程中涉及的实体的定义，例如零件、图纸、工艺等；在完成活动与事件的过程中需要遵守相应的业务规则与约束，规则提供对这些业务规则与约束的定义。

② 属性表示车间业务活动领域中概念类的属性集合，是对概念属性与特征的定义与描述。属性主要包括以下几个方面：概念的固有属性或内在属性、概念的外部属性（例如名称、描述等）、概念的组成部分。

③ 关系表示概念类之间、概念类与属性之间的关系，包括 *part-of*、*instance-of*、*attribute-of*、*kind-of* 四种基本关系，*part-of* 表示概念类之间整体与部分的关系，例如活动由事件组成，两者间的关系即为 *part-of*，*instance-of* 表示概念实例与概念类之间的关系，*attribute-of* 表示一个概念是另外一个概念的属性，例如活动名称、活动描述与活动之间的关系就是 *attribute-of*，*kind-of* 表示概念间的继承关系。在实际本体建模中可不局限于这四种关系，根据实际情况可以定义新的关系以满足实际情况需要。

④ 属性约束表示在车间业务活动领域中属性的约束条件，例如属性的取值范围、取值类型、个数等。

车间业务活动领域本体的 BNF 形式化描述如下：

```
Ontology::=ConceptClass,PropertySlot,Relationship,Restriction
ConceptClass::=Activity,Event,Resource,Rules
PropertySlot::=Activity-name,Activity-description,Event-name,…,Slotn
Relationship::=part-of,instance-of,attribute-of,kind-of,……
Restriction::=PropertyRange,PropertyType,PropertyMount,……
```

其中：*Ontology* 为业务活动领域知识本体，包括概念类 *ConceptClass*、属性 *PropertySlot*、关系 *Relationship*、属性约束 *Restriction*。概念类 *ConceptClass* 包括活动 *Activity*、事件 *Event*、资源 *Resource*、规则 *Rules*。属性 *PropertySlot* 包括概念类的各类属性，例如活动名称 *Activity-name*、活动描述 *Activity-description*、

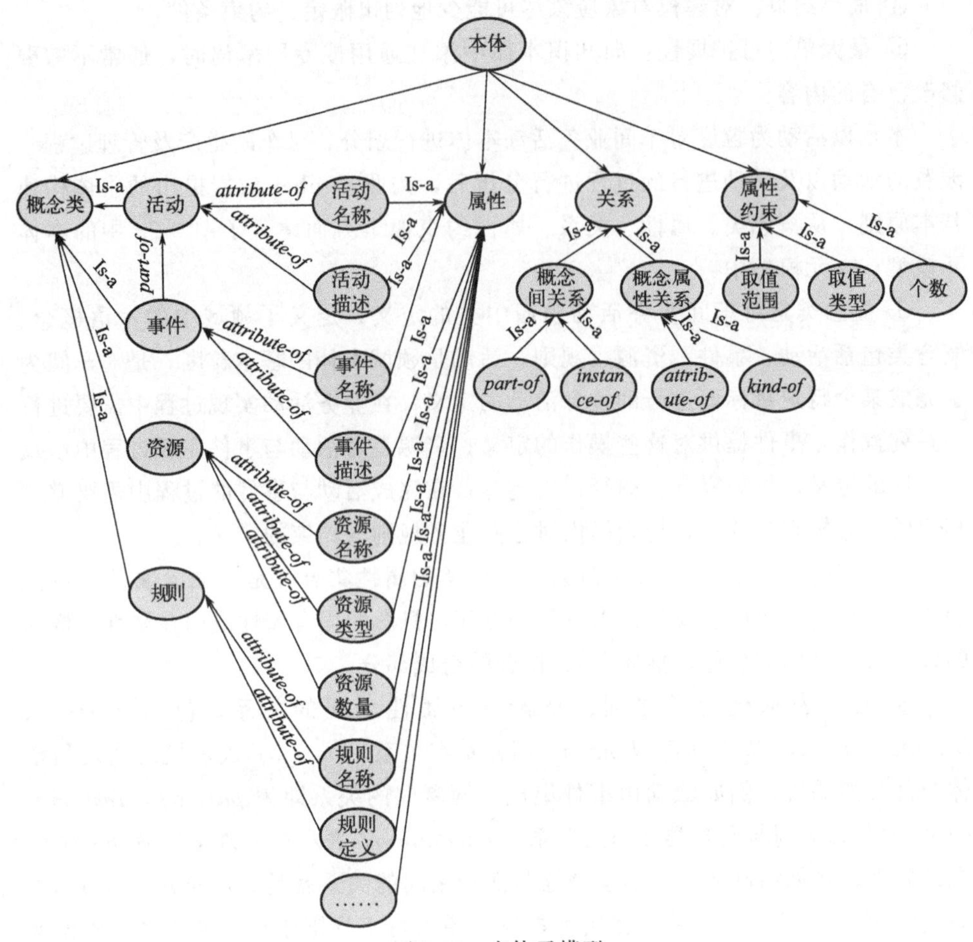

图 3-23　本体元模型

事件名称 *Event-name* 等。关系包括概念类之间整体与部分的关系 *part-of*、概念实例与概念类之间的关系 *instance-of*、一个概念是另外一个概念的属性 *attribute-of*、概念间的继承关系 *kind-of* 以及在建模过程中根据实际情况定义的新的关系。*Restriction* 包括属性取值范围 *PropertyRange*、属性取值类型 *PropertyType*、个数 *PropertyMount* 等。

3.6.3　业务活动领域本体建模

本节在车间业务活动领域知识基础上建立了车间业务活动领域本体。车间业务活动领域本体的建立过程如图 3-24 所示。

本体建立过程分为以下 5 个步骤。

① 获取领域知识。基于已有领域本体与领域知识，在领域专家的参与下获

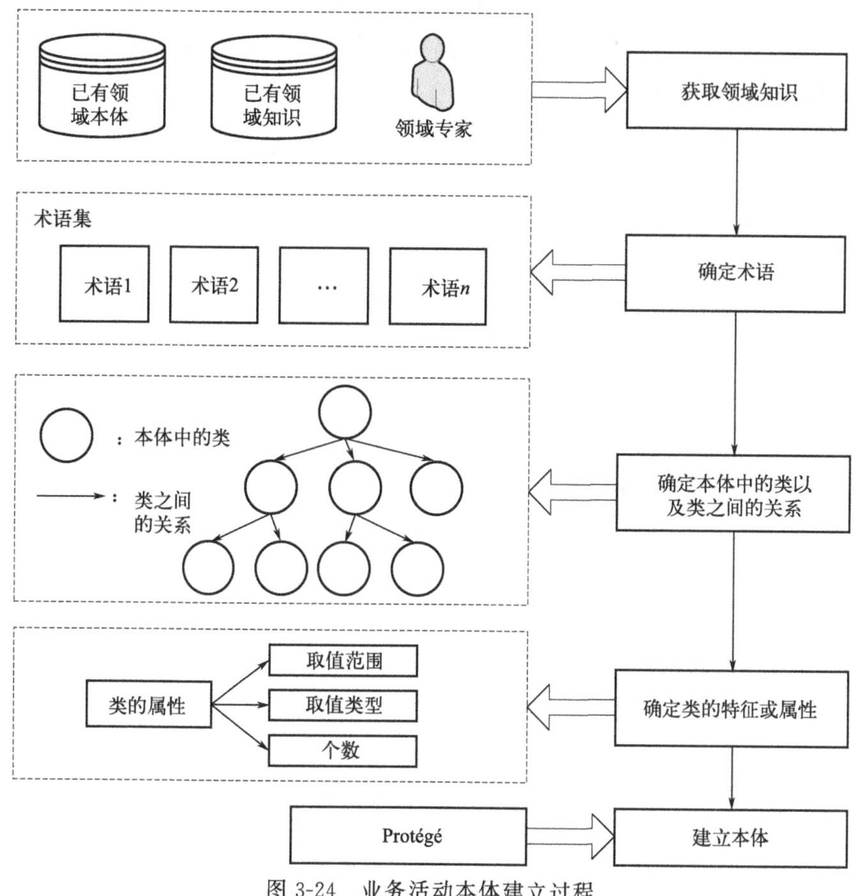

图 3-24　业务活动本体建立过程

取车间业务活动领域的知识，对已有领域本体与知识的重用能够提高知识获取的效率，减少知识获取工作量。

② 确定术语。在收集得到的领域知识基础上，对领域中的概念进行列举，并将概念的性质和属性定义为术语。术语的获取是车间业务活动领域本体构建的关键环节之一。

③ 确定本体中的类以及类之间的关系。确定本体中的类的过程即为领域中的术语给出明确的定义的过程，本体中类与类之间的关系即术语间的相互关系，关系可分为概念类之间的关系和概念类与属性间的关系两种。

④ 确定类的特征或属性。对类的属性进行定义，从各方面对类的组成结构进行描述，并确定属性的取值范围、取值类型以及个数等。

⑤ 建立本体。本节采用 Protégé 作为工具建立车间业务活动领域本体。在 Protégé 的图形用户界面中可以可视化地进行属性和实例的创建、修改和维护等操作；同时 Protégé 还提供了可扩展的应用程序编程接口（application programming interface，API）外部应用程序可以方便地与本体知识库相连。OWL 为定义概念、表达概念的属性及其相互关系提供了统一的语言基础，因此本节采用 OWL 进行本体描述。

根据前面建立的本体元模型，在 Protégé 中进行建模后得到的本体概念模型如图 3-25 所示，WorkShopBA 为车间按业务活动领域本体，包括概念类 ConceptClass、属性 PropertySlot、关系 Relationship 与属性约束 Restriction。

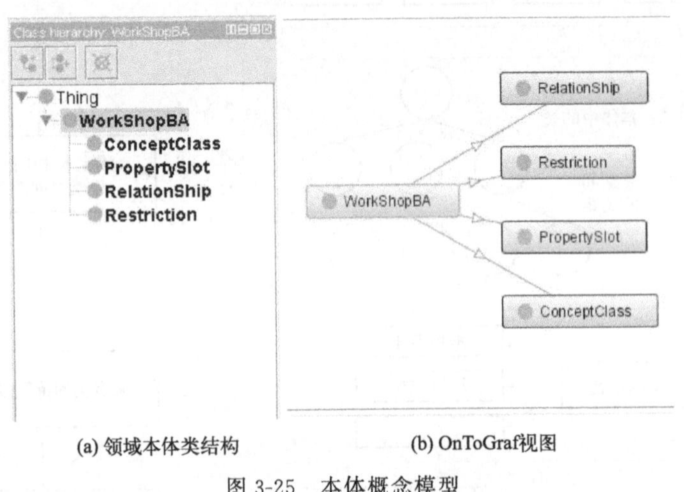

(a) 领域本体类结构　　(b) OnToGraf视图

图 3-25　本体概念模型

在概念模型基础上，领域本体的构建过程是一个利用领域知识不断对概念模型进行扩展的过程，下面以车间业务活动领域中的计划管理领域（PlanMgr）为例说明领域本体的建立过程。

（1）确定计划管理领域中的活动（Activity）与事件（Event）

按照管理对象的不同，计划管理领域可分为生产任务接收（WorkPlanReceive）、月计划管理（MonthPlanMgr）、批次计划管理（BatchPlanMgr）、详细作业计划管理（DetailPlanMgr）四个部分，同时每个部分可分为多个业务事件，例如月计划管理可分为增加月计划（AddMonthPlan）、修改月计划（UpdateMonthPlan）、删除月计划（DeleteMonthPlan），批次计划管理可分为增加批次计划（AddBatchPlan）、拆分批次计划（SplitBatchPlan）、合并批次计划（JoinBatchPlan）、删除批次计划（DeleteBatchPlan）等，活动与事件的 OntoGraf 视图如图 3-26 所示。

（2）确定计划管理领域中涉及的资源实体（Resource）

在以上活动进行过程中涉及厂生产任务（EnterprisePlan）、车间月计划（MonthPlan）、车间批次计划（BatchPlan）、详细作业计划（DetailPlan）几个实

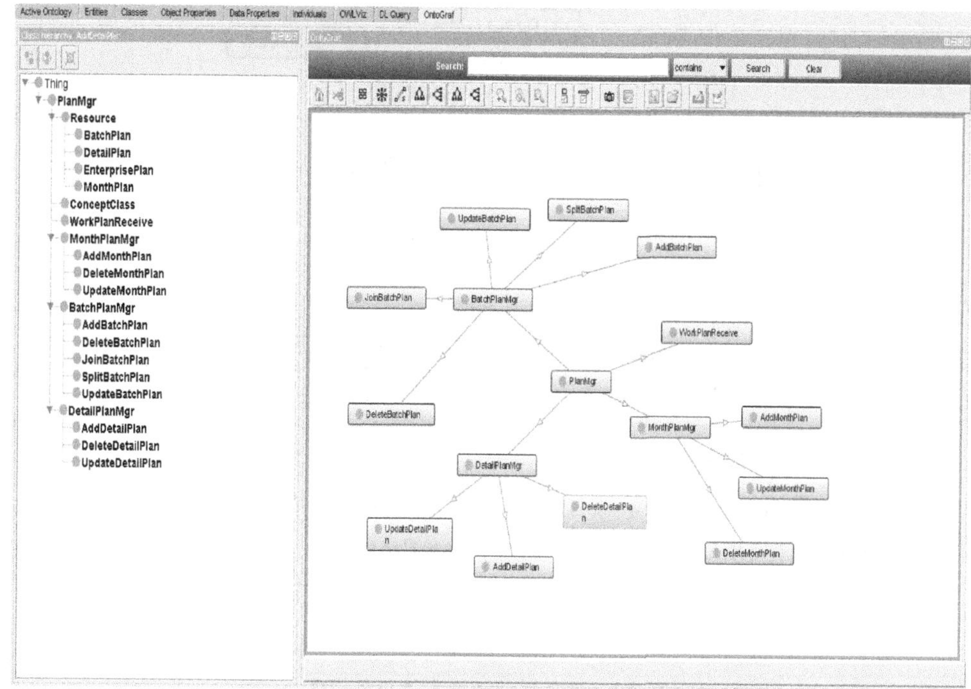

图 3-26 业务活动与事件 OntoGraf 视图

体，Resource 的 OntoGraf 视图如图 3-27 所示。

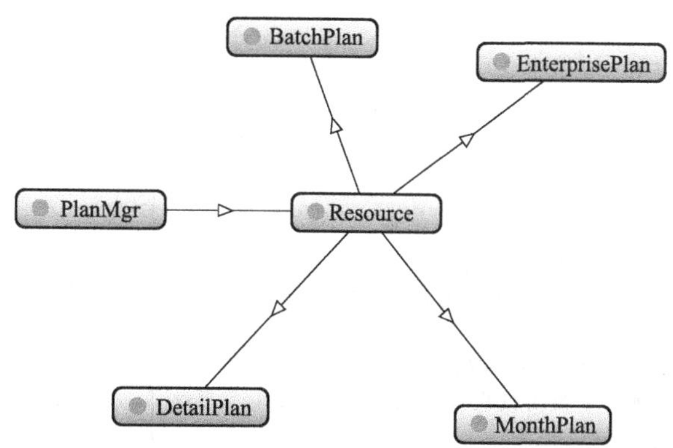

图 3-27 资源实体 OntoGraf 视图

(3) 确定活动与事件之间、活动与资源之间、事件与资源之间的关系(Relationship)

关系包括活动与事件之间的包含关系（Include)、活动与资源之间、事件与资源、资源与资源之间的转换关系（Transform)、耦合关系（Coupling)、衍生关系（Derive）等，Relationship 的 OntoGraf 视图如图 3-28 所示。

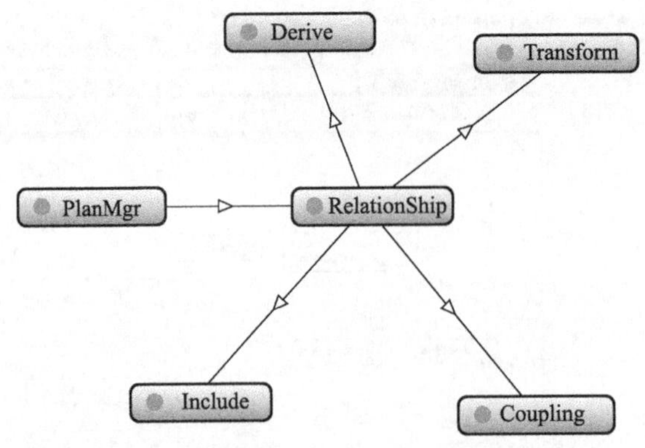

图 3-28 关系（Relationship）OntoGraf 视图

（4）定义对象的属性

Protégé 将属性分为对象属性和数据属性，对象属性（ObjectProperty）是关于概念类之间关系的定义，数据属性（DataProperty）是对概念类自身特征的定义。表 3-5 中列举了本节中的部分对象属性，包括属性名称、对属性的说明与属性作用的对象。

表 3-5 业务活动领域本体对象属性

属性名称	属性说明	作用对象
hasEvent	描述了 ConceptClass 中 Activity 与 Event 的关系，该属性取值为 Event，含义为 Activity 包含值域中的 Event	Activity 类与 Event 类
hasInput	描述了 ConceptClass 中的 Activity、Event 与 Resource 中实体的关系，含义为 Activity 或 Event 的输入为 Input 中的 Resource 实体	Activity 类与 Resource 类 Event 类与 Resource 类
hasOutput	描述了 ConceptClass 中的 Activity、Event 与 Resource 中实体的关系，含义为 Activity 或 Event 的输入为 Output 中的 Resource 实体	Activity 类与 Resource 类 Event 类与 Resource 类
Transfer_into	描述了 Resource 中的实体相互间的转换关系，例如在进行了新增批次计划后，月计划转换为批次计划	Resource 类
hasRestriction	描述了 ConceptClass 中的 Activity、Event 与 Restriction 中的规则与限制的关系，含义为 Activity 或 Event 在实现过程中需要遵守 Restriction 中相应的规则与限制	Activity 类与 Restriction 类 Event 类与 Restriction 类

至此建立了计划管理领域本体，同时本体中的类的层次结构、类之间的关系、类的属性、属性的约束等都在 OWL 文档中进行了描述。

3.6.4　业务活动参考模型建模与存储

参考模型的作用是为企业建模提供一个参考框架，借助参考模型可以提高企业建模的标准化程度，并减少建模过程中的重复工作，提高建模效率，降低建模成本，同时可以最大限度地重用企业建模的经验与成果，当新问题出现时结合参考模型可以给出最佳解决方案，在企业建模过程中有重要意义。

在本节中，车间业务活动参考模型是在对车间生产管理过程中重复出现的、具有代表性的业务活动进行分析后，为其业务处理环节、所需资源、实现过程等进行建模后得到的一系列具有自身业务特征的模型。为了方便参考模型建模与模型间映射关系的建立，本节采用业务活动元模型、业务活动模型两个层次进行参考模型建模。

业务活动元模型是关于业务活动模型包含元素及其相互关系的定义，包括描述一个业务事件所需要包含的主要元素，对这些元素进行抽象后得到图 3-29 中的业务活动元模型（enterprise business activity meta-model，EBAMM）。

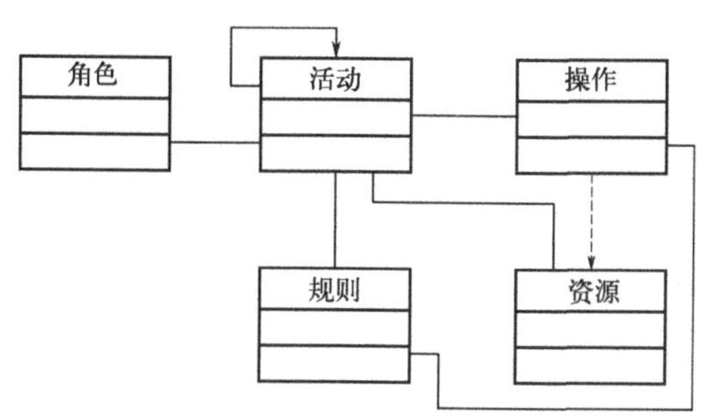

图 3-29　业务活动元模型

EBAMM 的形式化定义如下：

```
EBAMM::= Activity,Action,Resource,Rules,Role
```

EBAMM 定义了业务活动模型包含的元素及元素间的关系，共包含以下五个视图：活动视图 Activity、操作视图 Action、资源视图 Resource、规则视图 Rules、角色视图 Role。活动视图定义了业务生产过程中涉及的活动，包括对活动的描述以及活动间的组成关系等。操作视图表示活动实现过程中进行的一系列操作。资源视图定义了完成活动所需要的资源，包括资源名称、资源类型等。规则视图定义完成活动或事件必须要遵守的业务规则，包括对规则的描述、规则的触发条件以及活动的实现方式等。角色视图定义了执行活动的角色，包括角色的名称与对应人员等。

业务活动是车间为了完成某个特定目标而进行的活动，业务活动模型

(enterprise business activity model，EBAM) 是按照业务活动元模型中定义的要素对业务活动进行抽象后得到的活动、事件、资源、规则与角色按照软件建模相关标准，利用相关建模工具进行建模后得到的一系列以图形化形式表示的模型，是获取车间管理过程中相关知识的主要工具。业务活动模型中包括活动进行的步骤、每个步骤需要的资源、完成活动需要遵守的约束、活动完成后所输出的资源或数据等元素。但业务活动元模型仅仅是对描述一个业务活动所需要的元素的定义，因此需要对元模型进行实例化才能得到业务活动模型。本节基于统一建模语言 (unified modeling language，UML) 对业务活动模型元模型进行实例化，UML 提供了丰富的元素（例如用例、边界、业务实体、包、类等）为建模提供支持，利用这些元素将业务活动元模型实例化后得到的业务活动模型结构如图 3-30 所示。

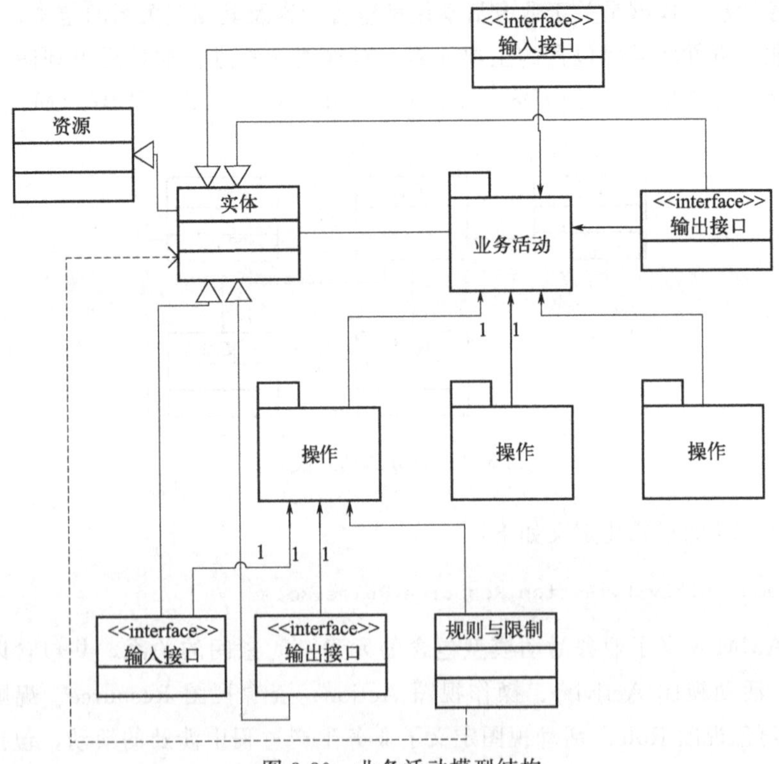

图 3-30 业务活动模型结构

EBAM 的形式化定义如下：

```
EBAM::=Activity,Action,Entity,Interface
Activity::=Action,Entity,Interface
Action::=Rules,Interface
Interface::=InputInterface,OutputInterface
```

其中，Activity 为顶级包，Action 为二级包，Rules 为实现操作时要遵守的限制与规则，Entity 为实体，Interface 为接口，EBAM 由这 5 个元素构成。Activity 包括 Action、Entity、Interface，Function 由业务活动模型元模型中的业务活动属性值实例化得到，表示该模型实现的业务功能。Action 是元模型中操作的实例化结果，表示模型中的业务活动所包含的操作；Entity 是对元模型中完成业务活动与操作过程中涉及的资源及其属性的实例化，为业务活动与操作的运行提供支持；Interface 包括输入、输出接口，是对业务活动与操作进行过程中需要的资源与执行完成后输出资源的定义，继承于资源类，主要负责业务活动之间、业务活动与操作、操作与操作之间的信息交互。Rules 负责对业务活动与操作实现过程中的限制与约束进行建模，是对元模型中规则的实例化。

3.7 制造系统流程建模

3.7.1 业务活动模型

业务活动指在产品制造过程中为了实现特定目标（例如改变在制品或其他制造资源位置、状态、数量等）而进行的一系列操作，包括生产准备、计划制定、领活、完工、检验等。业务活动模型是对完成这些操作所需资源、操作的完成方式、操作完成后产生的结果等的抽象，包括事件监听器、输入、业务逻辑、输出几个部分。模型如图 3-31 所示。

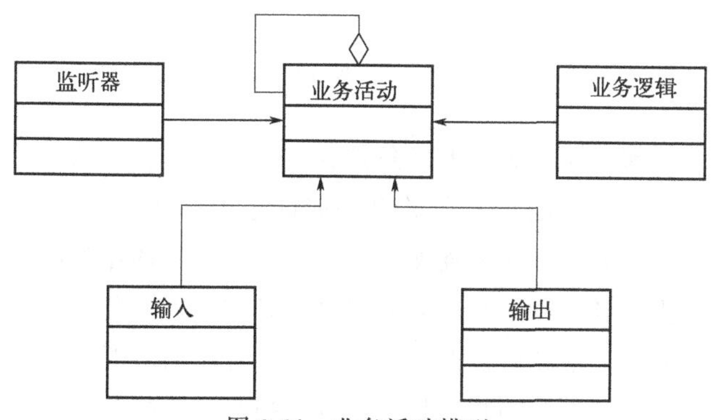

图 3-31 业务活动模型

业务活动由业务事件触发，按照预先设定的业务逻辑对数据进行处理，产生相应的输出。按粒度大小分为原子活动与分子活动，原子活动指不能再进行分解的可以独立运行的活动，分子活动可以进一步进行分解为多个原子活动。监听器负责监听业务流程运行过程中对业务活动的调用，当监听到对其所属业务活动的调用时激活业务活动进行运行。业务逻辑包括业务活动实现过程中进行的操作与操作间的关系、对数据或流程状态的修改等。输入为业务活动要运行需要对外请求的数据。输出为业务活动执行完成后对外提供的数据。

3.7.2 业务事件模型

业务事件提供对流程控制结构的定义，包括业务活动执行顺序与执行路径的路由判断。业务事件接收业务流程执行过程中产生的消息，按照预先定义的逻辑对这些消息进行运算，根据运算结果确定需要触发的新的业务活动。其模型如图 3-32 所示。

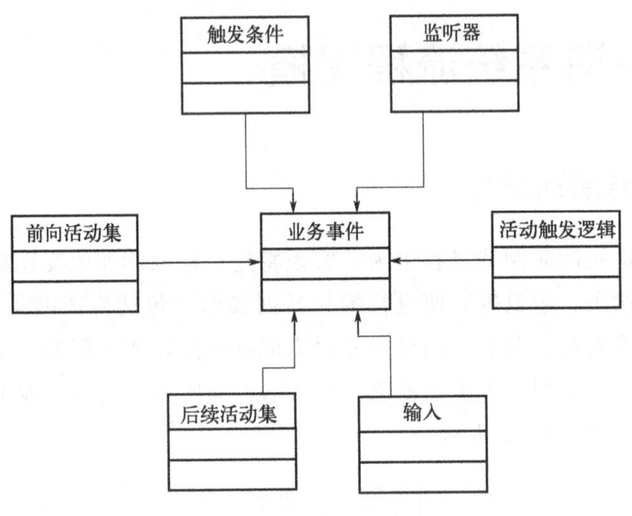

图 3-32 业务事件模型

业务事件包括前向活动集、触发条件、后续活动集、活动触发逻辑、输入与监听器六个部分。前向活动集为业务事件向前连接的业务活动或业务事件的集合。后续活动集为业务事件向后连接，由业务事件触发的业务活动或业务事件的集合。触发条件为业务事件运行所需要满足的条件，即业务事件激活时其前向活动集需要满足的条件。活动触发逻辑是当业务事件激活后对其后续活动的触发条件。业务活动的执行顺序分为顺序执行、并行执行、选择执行三种，映射到业务事件的触发条件与活动触发逻辑上可分为与（∨）、或（∧）、异或（⊕）三种逻辑关系。在触发条件中∨代表所定义的触发条件必须全部满足才能激活业务事件，条件∧代表至少满足定义的触发条件中的一个才能激活业务事件，条件⊕代表有且只有一个条件满足触发条件时能够激活业务事件。在活动触发逻辑中∨表示全部触发，∧表示至少触发一个，⊕表示触发且只能触发一个。输入为业务事件运行所需要接收的流程执行过程中产生的消息，业务事件只按照输入进行逻辑判断，并不对信息进行处理。监听器负责监听前向活动集的执行状态，并按照触发条件进行判断，当满足条件时触发业务事件执行。

业务事件的工作过程如下：

① 监听前向活动集中的业务活动或业务事件的执行状态；

② 按照触发条件对监听器监听到的状态进行判断，满足条件时触发业务事件执行；

③ 业务事件触发后，按照输入中的定义从流程数据区中读取数据；

④ 按照活动触发逻辑对输入进行判断，触发后续活动集中符合条件的业务活动或业务事件。

3.7.3 建模规则

为了建立正确、可运行的流程模型，在建模时需要遵守一系列规则，下面将分别就业务活动与业务事件以及两者在组合形成流程模型时受到的规则约束进行分析与说明。

(1) 业务活动

顺序执行的业务活动：顺序执行的业务活动 A 和 B，活动 B 必须在活动 A 结束后才可以执行，形式化表示为：

$A \rightarrow B$

并行执行的业务活动：并行执行的业务活动 A 和 B，两者必须同时进入执行状态，但结束执行的顺序没有限制，形式化表示为：

$A \parallel B$

并行执行有结束顺序的业务活动：并行执行的业务活动 A 和 B，两者同时进入执行状态但 A 必须在 B 结束之后才能结束，形式化表示为：

$A \parallel B \& A/B$

选择执行的业务活动：业务活动 A 执行结束后选择执行业务活动 B 或 C，B 与 C 只能执行一个，两者进入执行状态的条件必须且只能有一个被满足，形式化表示为：

$A \rightarrow BWC$

(2) 业务事件

在 3.7.2 节中将业务事件分为与（∨）、或（∧）、异或（⊕）三种逻辑关系，按照输入、输出逻辑的不同，可进一步将业务事件分为 9 种，如表 3-6 所示。

表 3-6 业务事件分类

业务事件	前向启动逻辑	后向启动逻辑	输入活动数量	输出活动数量	规则描述与说明
$E\vee\vee$	与(∨)	与(∨)	≥1	≥1	当输入活动都成功执行后触发业务事件，业务事件被触发后激活其输出活动进行执行，当输出活动为一个时为顺序执行，多个时为并行执行
$E\vee\wedge$	与(∨)	或(∧)	≥1	>1	当输入活动都成功执行后触发业务事件，业务事件激发后激活其输出活动中符合条件的进行执行，必须激活至少一个活动，当活动全部激发时其输出逻辑也可以为与，即并行执行
$E\vee\oplus$	与(∨)	异或(⊕)	≥1	>1	当输入活动都成功执行后触发业务事件，业务事件激发后激活其输出活动中符合条件的进行执行，只能激活一个活动
$E\wedge\vee$	或(∧)	与(∨)	>1	≥1	业务事件的触发条件至少要满足一个才能够触发业务事件，如果需要满足全部条件，则其启动逻辑也可以为与，当业务事件触发后激活其所有输出活动的执行
$E\wedge\wedge$	或(∧)	或(∧)	>1	>1	业务事件的触发条件至少要满足一个才能够触发业务事件，如果需要满足全部条件，则其启动逻辑也可以为与，当业务事件触发后激活其所有输出活动的执行，必须激活至少一个活动，当活动全部激发时其输出逻辑也可以为与，即并行执行
$E\wedge\oplus$	或(∧)	异或(⊕)	>1	>1	业务事件的触发条件至少要满足一个才能够触发业务事件，如果需要满足全部条件，则其启动逻辑也可以为与，当业务事件触发后激活其所有输出活动执行，必须且只能激活一个输出活动的执行
$E\oplus\vee$	异或(⊕)	与(∨)	>1	≥1	业务事件的触发条件只能有一个被满足，当业务事件被触发或激活其全部输出活动的执行
$E\oplus\wedge$	异或(⊕)	或(∧)	>1	>1	业务事件的触发条件只能有一个被满足，当业务事件触发后必须激活至少一个活动，当活动全部激发时其输出逻辑也可以为与，即并行执行
$E\oplus\oplus$	异或(⊕)	异或(⊕)	>1	>1	业务事件的触发条件只能有一个被满足，并且业务事件只能触发其一个输出活动的执行

业务事件的过程代数形式化描述如下：

$$E\vee\vee = |||\, 0<i\leqslant n A_i\, ?\, In_i \rightarrow |||\, In_i\, ?\, E.left_i \rightarrow |||\, E.left_i\, ?\, E.right_i \rightarrow |||\, E.right_i\, !\, A_j\, (0<j\leqslant m)$$

$$E\vee\wedge = |||\, 0<i\leqslant n A_i\, ?\, In_i \rightarrow |||\, In_i\, ?\, E.left_i \rightarrow \Pi\, E.left_i\, ?\, E.right_i \rightarrow \Pi\, E.right_i\, !\, A_j\, (0<j\leqslant m)$$

$$E\vee\oplus = |||\, 0<i\leqslant n A_i\, ?\, In_i \rightarrow |||\, In_i\, ?\, E.left_i \rightarrow \square\, E.left_i\, ?\, E.right_i \rightarrow \square\, E.right_i\, !\, A_j\, (0<j\leqslant m)$$

$$E\wedge\vee = \Pi\, 0<i\leqslant n A_i\, ?\, In_i \rightarrow \Pi\, In_i\, ?\, E.left_i \rightarrow |||\, E.left_i\, ?\, E.right_i \rightarrow |||\, E.right_i\, !\, A_j\, (0<j\leqslant m)$$

$$E\wedge\wedge = \Pi\, 0<i\leqslant n A_i\, ?\, In_i \rightarrow \Pi\, In_i\, ?\, E.left_i \rightarrow \Pi\, E.left_i\, ?\, E.right_i \rightarrow \Pi\, E.right_i\, !\, A_j\, (0<j\leqslant m)$$

$$E\wedge\oplus = \Pi\, 0<i\leqslant n A_i\, ?\, In_i \rightarrow \Pi\, In_i\, ?\, E.left_i \rightarrow \square\, E.left_i\, ?\, E.right_i \rightarrow \square\, E.right_i\, !\, A_j\, (0<j\leqslant m)$$

$$E\oplus\vee = \square\, 0<i\leqslant n A_i\, ?\, In_i \rightarrow \square\, In_i\, ?\, E.left_i \rightarrow |||\, E.left_i\, ?\, E.right_i \rightarrow |||\, E.right_i\, !\, A_j\, (0<j\leqslant m)$$

$$E\oplus\wedge = \square\, 0<i\leqslant n A_i\, ?\, In_i \rightarrow \square\, In_i\, ?\, E.left_i \rightarrow \Pi\, E.left_i\, ?\, E.right_i \rightarrow \Pi\, E.right_i\, !\, A_j\, (0<j\leqslant m)$$

$$E\oplus\oplus = \square\, 0<i\leqslant n A_i\, ?\, In_i \rightarrow \square\, In_i\, ?\, E.left_i \rightarrow \square\, E.left_i\, ?\, E.right_i \rightarrow \square\, E.right_i\, !\, A_j\, (0<j\leqslant m)$$

式中，A_i 为业务事件的输入活动，个数为 n，$0<i\leqslant n$；A_j 为业务事件的输出活动，个数为 m，$0<j\leqslant m$；In_i 为输入活动的输出事件；$E.left_i$ 为业务事件的前向启动逻辑；$E.right_i$ 为业务事件的后向启动逻辑。

3.7.4 建模过程

前面将业务流程划分为业务活动与业务事件，解除了流程逻辑与业务逻辑间的耦合性。采取这种结构的 MES 流程建模分为以下几个步骤。

① 对车间业务流程进行分析，得出流程中包含的所有业务活动；

② 对业务活动进行分析，得出业务活动间的关系与相互之间传递的数据；

③ 在第二步分析结果基础上进一步将业务活动间的关系划分为顺序执行、并行与选择执行三类，并确定业务活动所依赖数据的来源；

④ 将业务活动的关系抽象为业务活动，并按照业务事件的前向活动与后续活动的关系确定业务事件的类型；

⑤ 按照过程代数中的定义建立过程模型。

下面将以车间常见的主生产流程（MPWF）为例进行建模过程说明，主生产流程如图 3-33 所示。

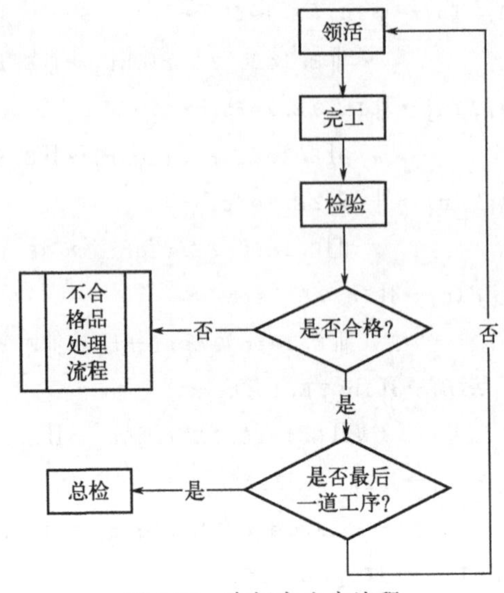

图 3-33 车间主生产流程

流程中共包含以下业务活动：领活（Work-Take)、完工（Work-Finish)、检验（Check)、总检（Final-Check)，不合格品处理子流程（Reject-Deal)。

业务事件：领活完成（Event-WTF)、完工完成（Event-WFF)、检验结果判断（Event-CRJ)、加工是否完成判断（Event-WFJ)。业务活动领活、完工、检验三者之间是顺序执行关系，因此，Event-WTF、Event-WFF 的类型为 $E\vee\vee$，分别记为 $E_{WTF}\vee\vee$、$E_{WFF}\vee\vee$，其中：

$E_{WTF}\vee\vee$. In= Work-Take

$E_{WTF}\vee\vee$. Out= Work-Finish

$E_{WTF}\vee\vee$. left= Work-Take. Successor

$E_{WFF}\vee\vee$. In= Work-Finish

$E_{WFF}\vee\vee$. Out= Check

$E_{WFF}\vee\vee$. left= Work-Finish. Successor

业务活动检验、不合格品处理子流程、总检、加工是否完成判断四者为选择执行关系，分别记为 $E_{CRJ}\vee\wedge$、$E_{WFJ}\vee\wedge$，其中：

$E_{CRJ}\vee\wedge$. in= Check

$E_{CRJ}\vee\wedge$. out= {Reject-Deal, Event-WFJ}

$E_{CRJ}\vee\wedge$. left= Check. Successor

$E_{CRJ}\vee\wedge$. right= {out(0), out(1)}(0 表示检验合格，1 表示检验不合格)

$E_{WFJ}\vee\wedge$. in= Event-CRJ

E_{WFJ} ∨ ∧. out= {Final-Check,Work-Take}

E_{WFJ} ∨ ∧. left= Event-CRJ. out(0)

E_{WFJ} ∨ ∧. right= {out(0),out(1)}(0 表示加工完成,1 表示加工未完成)

将业务活动与业务事件连接起来组合成如下流程：

MPWF= start→Work-Take→E_{WTF} ∨ ∨ →Work-Finish→E_{WFF} ∨ ∨ →

E_{CRJ} ∨ ∧ Π(Reject-Deal,E_{WFF} ∨ ∨ Π(Final-Check,Work-Take))→end

第4章

制造系统设施规划建模

4.1 设施规划的概念

设施规划是指在选定的场所内，根据企业的经营目标和生产计划，按照产品从原材料接收开始，到零部件和产品制造、成品包装和产品运输的过程，对人员、设备和物料所需的空间进行最适当的分配和最有效的组合，以减少制造过程的浪费，提高整体效率，获得最大的经济效益和生产效率。合理的设施规划能够对企业起到以下效果。

① 缩短生产周期，提高生产效率。合理的设施布局能够有效减少物流消耗的时间，提高生产效率。

② 保障产品质量。合理的设施布局可以减少物料搬运的频率和距离，降低搬运过程中产品受到磕碰伤的概率。

③ 降低生产成本。合理的设施布局可以降低物流搬运成本，进而起到降低生产成本的作用。

④ 提高企业的柔性。柔性化的设施布置可以使企业根据市场环境变化灵活调整设备布局，提高对市场变化的应变速度。

设施规划主要包括厂区布置规划和车间设施布置规划两个方面。厂区布置规划是对企业的生产单位、辅助部门和管理部门在厂区中的相对位置进行布置，以减少生产经营过程中的跨区域物料流动距离。车间设施布置规划是对车间内部的设置布局进行规划与布置，包括设备位置、缓存区、检验区、办公区、休息区等，以降低物流成本。常见的车间设施布置形式有以下几种。

(1) 产品原则

产品原则布置又称流水线布置，是以产品为对象来布置生产单位的方法。按照产品及其组成部分的生产和装配步骤安排设备，将产品的制造流程形成一条连续线，设备、工人、产品、工序的位置相对固定，适用于小品种大批量的生产模式。

（2）工艺原则

工艺原则布置又称机群式布置，按照产品制造过程的工艺特点，把同类型的设备集中在一起，形成基本生产单位，例如机械制造企业的钣金车间、机械加工车间、热处理车间、装配车间等，专业车间可以生产相同工艺种类的多种产品，适用于多品种小批量的生产模式。

（3）成组原则

成组原则布置对零件的相似度进行分类，将一系列工艺要求相似的零件组成零件族，针对零件族的设备要求形成制造设备单元，来生产具有相似形状和工艺要求的零件，适用于多品种小批量的生产模式。

（4）固定布局原则

固定布局指产品由于体积或重量过大，在加工和装配时产品固定不动，而将设备移动到产品处的布局方式，造船厂、飞机装配厂多采用这种布局形式。

4.2　车间设施布置建模

4.2.1　概述

在建立车间设施布置数学模型时，一般将车间抽象为一个长宽已知的矩形，在矩形内进行设备布置，如图 4-1 所示。

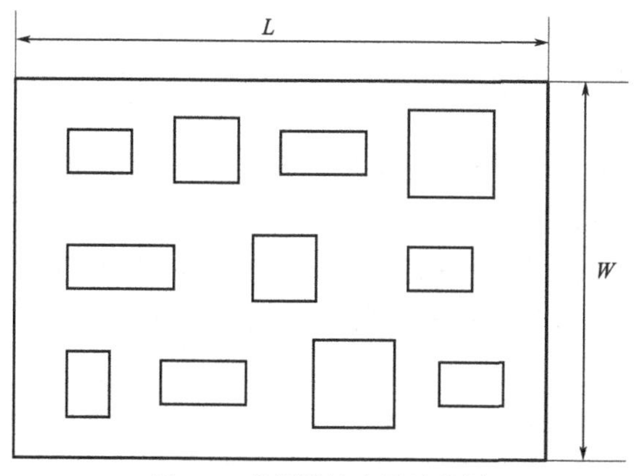

图 4-1　车间设施布置示意图

车间的长度为 L，宽度为 W，需要布置的设备数量为 n，为了便于建立数学模型，一般将设备抽象为矩形，忽略其形状细节。

根据设施排列的形状，可分为单行布局与多行布局，单行布局是一种典型的布局模式，可以进一步分为直线布局、U 形布局与环形布局；按照设施之间的物流量是否随时间变化，可分为静态布局和动态布局；按照空间布局来分，可分为单层布局和多层布局；按照车间面积与布局面积是否相等可分为等面积布局和不等面积布局，等面积布局即设备布局所占面积与车间面积相等，不等面积即设备面积小于车间面积。

4.2.2 目标函数

对于制造车间来说，车间的物料搬运成本越小，就越能够降低其生产制造成本，因此，物料的搬运总成本是车间设施布置的目标之一，可记为：

$$\min f_1(X)=\sum_{i=1}^{n}\sum_{j=1}^{n}f_{ij}d_{ij} \tag{4-1}$$

式中，f_{ij} 为设备 i 与设备 j 之间的物流量；d_{ij} 为设备 i 与设备 j 之间的距离。

除此之外，常见的目标函数还包括设施布置占用面积最小、最大化非物流关系强度，分别记为：

$$\min f_2(X)=x_{\max}y_{\max} \tag{4-2}$$

$$\max f_3(X)=\sum_{i=1}^{n}\sum_{j=1}^{n}r_{ij} \tag{4-3}$$

$$x_{\max}=\max(x_1,x_2,\cdots,x_n) \tag{4-4}$$

$$y_{\max}=\max(y_1,y_2,\cdots,y_n) \tag{4-5}$$

式中，r_{ij} 为设备 i 与设备 j 之间的非物流关系值。

4.2.3 约束与假设条件

车间设施布置数学模型是对真实车间中的设备布局的模拟，因此需要遵守在车间中摆放设备时的约束。

① 边界约束：设备布置不能超过车间的长宽，即每行的设备长度和水平间距相加不超过车间的长度，所有行的设备宽度和垂直间距相加不超过车间的宽度。

② 间距约束：同一行内相邻设备不重叠，并满足最小水平安全距离要求，相邻行之间的设备间距满足最小垂直安全距离要求。

③ 设备约束：设备只能布置在某一行中，并且在布局中每个设备只能出现一次。

为了便于建立数学模型，采用如下假设条件对真实车间中的设备布局进行简化。

① 不考虑设备的形状细节，将其简化为矩形结构，且长宽已知；

② 每个设备的上下料位置一致；

③ 当设备位置超出车间宽度后自动换行；

④ 同一行设备的中心线位置相同，即同一行设备的纵坐标相同；

⑤ 设备在水平方向沿着车间的长度方向摆放，垂直方向沿着车间的宽度方向摆放。

4.2.4　数学建模

设施布置规划模型是对车间真实布局的抽象，是设施布局优化的重要环节，在利用上一节中的假设条件对车间设备布局问题进行简化后，建立车间设施布置优化的数学模型。制造业常见的设备布局有直线形布局、U 形布局、环形布局、多行直线形布局等。其中，多行直线形布局具有车间面积利用率高、物流路径柔性高、物流配送路径短等优点，是制造业采用较多的布局形式，因此，本节选择多行直线形布局为对象建立车间布局优化数学模型。多行直线形布局如图 4-2 所示。

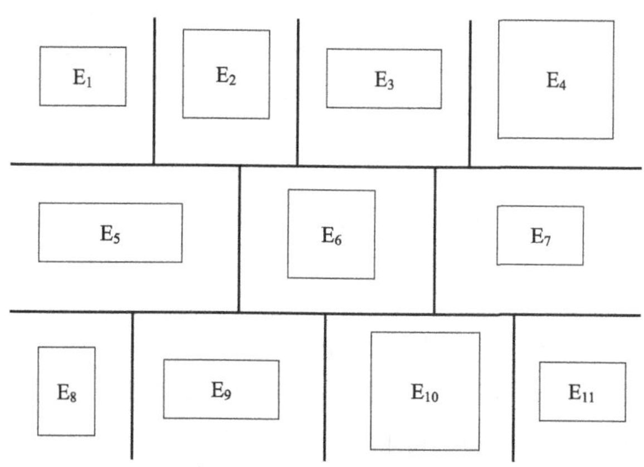

图 4-2　多行设备布局示意图

在多行直线形布局模式下，AGV 可沿垂直或水平方向的物流路径在设备间进行物料配送，采用多辆 AGV 进行物流配送时容易产生碰撞、冲突与死锁现象，导致多行直线形布局的规划与物流路径设计非常复杂。因此需要对 AGV 运行路径进行优化改进。AGV 系统有四种常见类型：网络式系统、串联式系统、单回路式系统和分段式系统。

如图 4-3 所示，网络式 AGV 系统具有较好的灵活性，但 AGV 路径重叠，因此会发生碰撞、堵塞、冲突、死锁等，AGV 的行程路径设计非常复杂。单回路系统将 AGV 的路径设置为最短路径，AGV 沿路径单向运行。分段系统将 AGV 路径设置为最短路径，然而，路径被划分为几个不相交的段，由中转站连接，AGV 在每个区段内双向运行，跨区段物流首先分配到中转站，然后利用其内区段 AGV 运输到目的工作站。串联系统将车间划分为几个不交叉的区域，每个区域设置换乘站与其他区域连接，AGV 只在区域内运行，通过换乘站完成跨区域物流。

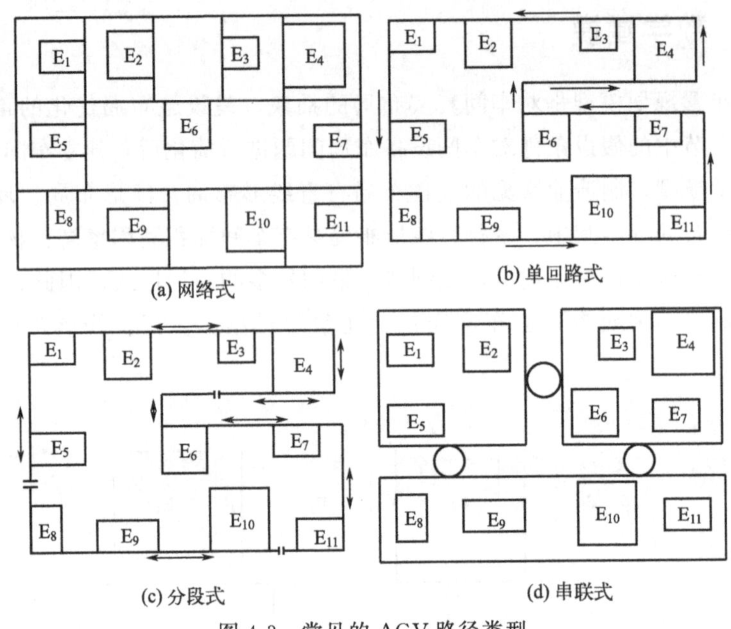

图 4-3　常见的 AGV 路径类型

单回路、分段和串联系统可以避免 AGV 的碰撞、堵塞、冲突和死锁，但也有缺点，如对于单回路和分段系统，受路径和驱动方向的限制，每次 AGV 驱动的长度比其他系统长，对于串联系统，由于中转站的设置，占用面积更大。因此，为了同时减少物流路径的长度和占用的面积，本节采用分段系统和串联系统相结合的方式改进分段 AGV 路径系统。

在改进的分段系统中，将路径划分为若干段，并在相邻段之间设置中转站，此外，从中转站有一条直达它所属区段的路线。每个路段都有一辆双向运行的 AGV，当 AGV 需要在区段之间分配物料时，先将物料分配到中转站，然后利用 AGV 将物料运输到目的设备。例如，当物料从工位 8 运送到工位 3 时，工位 2 的 AGV 先将物料运送到工位 1 和工位 2 之间的中转站 T_1，然后由工位 1 的 AGV 将物料从 T_1 运送到工位 3。

为了便于建模，在进行考虑 AGV 运行路径的智能车间设备布局规划时做如下假设。

① 不考虑设备的形状细节，将其简化为矩形结构，且长宽已知；

② AGV 在车间中只能沿着水平或垂直方向运行；

③ 每个设备的上下料位置一致；

④ 设备布局采用多行直线布局，当设备位置超出车间宽度后自动换行；

⑤ 物料缓存区设置在相邻设备的中间，且尺寸不计；

⑥ 同一行设备的中心线位置相同，即同一行设备的纵坐标相同；

⑦ 设备在水平方向沿着车间的长度方向摆放，垂直方向沿着车间的宽度方向摆放。

在图 4-4 中，x 为水平方向，y 为垂直方向，L 代表车间的长度，W 代表车间的宽度，有 n 台设备，T_i 代表缓存区，l_i 和 w_i 分别代表设备 i 的长度和宽度。

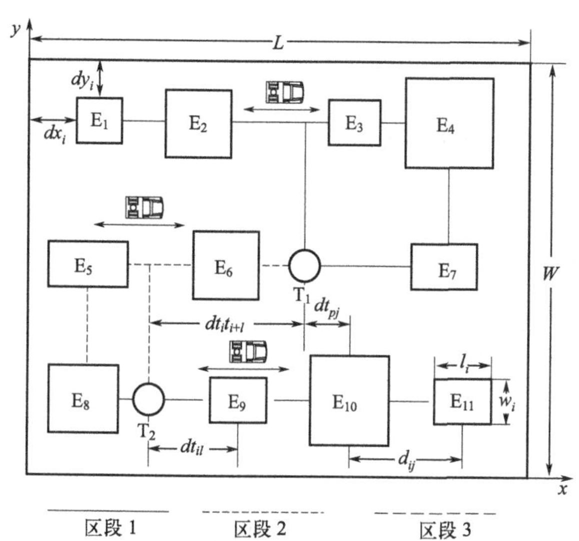

图 4-4　改进分段 AGV 路径系统

x_i：设备 i 的横坐标，计算方法如下。

对于奇数行设备：

$$x_i = x_{i-1} + \frac{l_{i-1}}{2} + \frac{l_i}{2} + \max(dx_i, dx_{i-1}) \tag{4-6}$$

对于偶数行设备：

$$x_i = x_{i-1} - \frac{l_{i-1}}{2} - \frac{l_i}{2} - \max(dx_i, dx_{i-1}) \tag{4-7}$$

如果设备 i 是奇数行的第一台设备：

$$x_i = dx_i + \frac{l_i}{2} \tag{4-8}$$

如果设备 i 是偶数行的最后一台设备：

$$x_i = L - dx_i - \frac{l_i}{2} \tag{4-9}$$

y_i：设备 i 的纵坐标，计算方法如下。

第一行设备：

$$y_1 = W - \max\left(dy_i + \frac{w_i}{2}\right), i \in R_1 \tag{4-10}$$

第一行之外的设备：

$$y_n = W - y_{n-1} - \max\left(dy_i + \frac{w_i}{2}\right), i \in R_n \tag{4-11}$$

R_n 表示第 n 行的设备集合，W 表示车间的宽度。

dx_i：设备 i 在水平方向的最小安全距离。

dy_i：设备 i 在垂直方向的最小安全距离。

x_{tp}：第 p 个中转站的横坐标。当中转站被布置在设备 i 的后面时：

$$x_{tp} = x_i + \frac{1}{2}\max(dx_i, dx_{i+1}) \tag{4-12}$$

y_{tp}：第 p 个中转站的纵坐标，当中转站被布置在设备 i 的同一行中时：

$$y_{tp} = y_i \tag{4-13}$$

dt_{i1}：设备 i 和它物流路径上第一个中转站的距离。

$$dt_{i1} = |x_i - x_{t1}| + |y_i - y_{t1}| \tag{4-14}$$

dt_{pj}：第 p 个缓存区到设备 j 的距离。

$$dt_{pj} = |x_{tp} - x_j| + |y_{tp} - y_j| \tag{4-15}$$

$dt_i t_{i+1}$：表示第 i 个缓存区到第 $i+1$ 个缓存区的距离。

$$dt_i t_{i+1} = |x_{ti} - x_{t(i+1)}| + |y_{ti} - y_{t(i+1)}| \tag{4-16}$$

d_{ij}：设备 i 和设备 j 之间的距离。当设备 i 和设备 j 的物流路径中没有中转站时：

$$d_{ij} = |x_i - x_j| + |y_i - y_j| \tag{4-17}$$

当设备 i 和设备 j 的物流路径中有中转站时：

$$d_{ij} = dt_{i1} + \sum_{w=1}^{p} dt_w t_{w+1} + dt_{pj} \tag{4-18}$$

式中，p 表示设备 i 和设备 j 的物流路径中中转站的数量。

在进行多行设备布局建模时，会受到车间长度和宽度等的限制，约束条件如下：

（1）边界约束

在进行设备布局时，不能超出车间的长度和宽度：

$$\forall i(i=1,2,\cdots,N),\forall r(r=1,2,\cdots,R)$$

$$\max(x_i \times G_{ir})+\max(dx_i \times G_{ir})\leqslant L \tag{4-19}$$

$$G_{ir}=(0,1) \tag{4-20}$$

$$\max(y_i+dy_i)\leqslant W \tag{4-21}$$

式中，N 为设备数量；R 为行数；G_{ir} 表示设备 i 是否在第 R 行，$G_{ir}=1$ 表示设备 i 在第 R 行，$G_{ir}=0$ 表示设备 i 不在第 R 行。

边界约束保证布局不超过车间的长宽，每一行的水平间距之和不大于车间的长度，所有行的垂直坐标不大于车间的宽度。

（2）间距约束

同行内相邻设备不重叠，必须满足最小水平安全距离要求。

$$\forall i,j(i,j=1,2,\cdots,N),\forall r(r=1,2,\cdots,R)$$

$$|x_{i+1}-x_i|G_{(i+1)r}G_{ir}\geqslant\max(dx_{i+1},dx_i) \tag{4-22}$$

$$|y_i-y_j|G_{ir}G_{j(r+1)}\geqslant\max(dy_i,dy_j) \tag{4-23}$$

（3）设备约束

每台设备在布局中只能出现一次。

$$\sum_{i=1}^{N}\sum_{r=1}^{R}G_{ir}=1 \tag{4-24}$$

目标函数 1：设备之间的总物流量最小。

$$F=\sum_{i=1}^{N}\sum_{j=1}^{N}q_{ij}d_{ij} \tag{4-25}$$

式中，F 为设备之间的总物流量；N 为待布置的设备总数；q_{ij} 为设备 i 到 j 的物流量；d_{ij} 为设备 i 和 j 之间的距离。

目标函数 2：布局占用面积最小。

$$S=x_a\times y_b \tag{4-26}$$

$$x_a=\max(x_1,x_2,\cdots,x_n) \tag{4-27}$$

$$y_b=\max(y_1,y_2,\cdots,y_n) \tag{4-28}$$

4.3　改进遗传算法在车间布局优化中的应用

设施布局规划属于 NP-hard 问题，随着数据维度增加，求解难度大幅增加，为了尽量获取高质量的解，并且不增加计算成本，出现了遗传算法、模拟退火算法、蚁群算法、禁忌搜索等启发式算法，其求解过程是从一个初始布局方案开始，通过人为设定优化筛选规则对设施布置进行改进优化，以在较少的计算机资源消耗和时间消耗内计算出较优解。

4.3.1 遗传算法概述

遗传算法是一种模仿自然界中“物竞天择，适者生存”的自然选择和遗传机制的多参数、多种群搜索算法。遗传算法通过群体搜索的方式，在种群个体之间进行基因交叉、变异完成最优解的搜索，具有收敛性好、无须设置优化方向、可扩展性强等优点。在遗传算法求解时，首先产生若干个所求解问题的染色体编码，形成初始种群，通过适应度函数对初始种群的每个个体进行评价，利用基因选择策略选择适应度高的个体参加交叉变异操作，形成新的下一代种群，再对新种群进行下一轮重复，直到迭代结束。基本遗传算法的求解流程如图 4-5 所示。

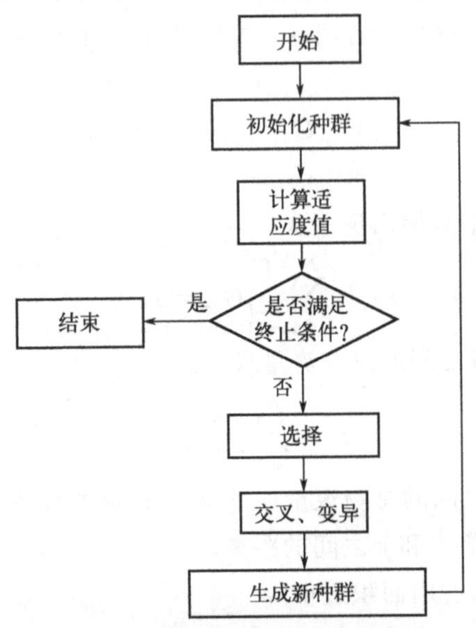

图 4-5 基本遗传算法求解流程

步骤 1：根据问题实际情况设置染色体编码规则与初始种群生成规则，并设置种群大小、选择概率、交叉概率、变异概率等参数，生成初始种群。

步骤 2：计算初始种群中每个个体的适应度值。

步骤 3：判断算法是否满足终止条件，如果满足终止条件，则输出当前最优解作为问题的解，如果不满足，则继续进行后续操作。

步骤 4：运用选择算子选中父代染色体中参与交叉变异的个体。

步骤 5：对选择的染色体进行交叉变异操作。

步骤 6：生成新一代种群，转到步骤 2，计算每个个体的适应度值。

遗传算法中的基本算子如下：

① 选择算子：用于在算法中模拟自然界生物遗传和进化过程中对环境适应程度较高的物种有更高概率遗传到下一代的现象，对环境适应度较低的物种遗传到下一代的概率相对就较小。在遗传算法中，选择算子用来在父代中选择哪些个体能够遗传到下一代种群中，选择算子的主要目的是选择适应度较高的个体参与到子代的运算中。

② 交叉算子：用于模拟自然界中两个同源染色体通过杂交重组形成新物种的过程。遗传算法使用交叉算子来产生新的个体，在遗传算法中交叉算子控制两个基因按照某种方式交换部分基因，从而形成新的子代个体。

③ 变异算子：用于模拟自然界中因为基因突变产生新的染色体的现象，在遗传算法中，变异算子通过替换个体染色体上的基因位来产生新的子代个体。

4.3.2 改进遗传算法

针对上一节建立的车间布局规划模型，在非支配排序遗传算法（NSGA-Ⅱ）基础上加入禁忌搜索算法，利用改进的 NSGA-Ⅱ算法进行求解，通过禁忌搜索算法的邻域搜索能力防止过早陷入局部最优。改进的 NSGA-Ⅱ算法求解流程如图 4-6 所示。

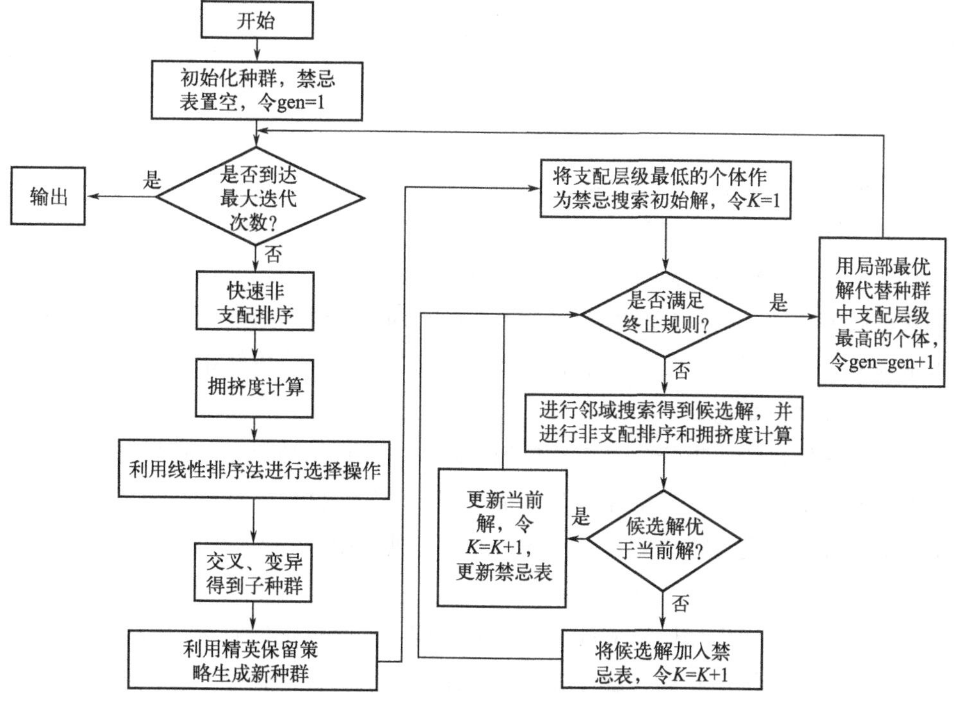

图 4-6 改进遗传算法求解流程

求解步骤如下：

① 采用实数编码，利用 SLP 法加随机法，生成初始种群 P，规模为 Np；

② 计算种群中的个体适应度值，进行快速非支配排序，计算个体的拥挤度；

③ 利用线性排序法进行选择操作，形成种群 P′；

④ 对种群 P′进行交叉、变异遗传操作，生成子代种群 SP，规模为 Np；

⑤ 合并种群 P 和 SP，形成规模为 2Np 的种群 Q，对种群 Q 进行非支配排序，利用精英保留策略形成规模为 Np 的子代种群 R；

⑥ 选择子代种群 R 中支配层级最低的个体作为初始解进行禁忌搜索，通过邻域搜索得到候选解，并进行非支配排序和拥挤度计算，如果候选解优于当前解，则将候选解更新为当前解，更新禁忌表，否则将候选解加入禁忌表，重复该步骤直到满足终止条件；

⑦ 禁忌搜索完成后将获得的局部最优解替换种群 R 中支配层级最高的个体，重复步骤②～⑥，直到达到最大迭代次数；

⑧ 输出结果。

主要的求解过程如下：

(1) 编码

在 5.2 节建立的车间布局规划数学模型中需要同时确定设备和中转站的布置方式，因此采用两段式编码方法来生成染色体，编码方法如图 4-7 所示。

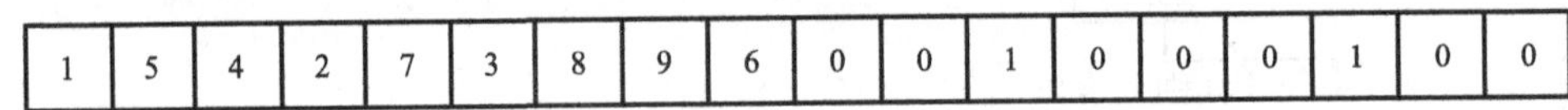

图 4-7　两段式编码

染色体的前半部分表示设备的布置顺序，使用表示设备编号的自然数进行编码。染色体的后半部分表示设备后面是否有对应的中转站，并使用二进制编码，代码 1 表示有中转站，代码 0 表示没有中转站。例如，图 4-7 中的染色体显示工作站布局为［1,5,4,2,7,3,8,9,6］，中转站布局为［0,0,1,0,0,0,1,0,0］，即工作站按基因链排列，在第 4 和第 8 工作站后面分别有一个中转站。

(2) 种群初始化

总体初始化的实现分为三步：首先，随机生成初始种群，并计算每个设备和转运站的水平坐标和垂直坐标以及设备之间的距离；然后，计算每个个体的目标函数值；最后，进行快速非支配排序，并计算拥挤距离。

(3) 选择

为了在下一代中保留适应度值较高的个体，提高算法的收敛性和效率，在对种群进行非支配排序和拥挤度计算后，使用线性排序方法选择在父代中需要交叉和突变的个体。首先根据个体的非支配排序值对个体进行排序，较低的排序值优于较高的排序值，如果排序值相同，则选择拥挤度距离更高的个体。

在线性排序法中，所有个体都进行编号，最佳个体编号为 n，被选中的概率为 p_{max}，最差个体数为 1，被选中的概率为 p_{min}，选择其他个体的概率根据以下公式：

$$p_i = p_{min} + (p_{max} - p_{min})\frac{i-1}{N-1} \tag{4-29}$$

取 $p_{max}=0.9$，$p_{min}=0.1$。

(4) 交叉

交叉分别在染色体的不同部分进行，以避免无效解。对于设备段染色体，设备之间的距离是计算 MHC 的主要影响因素，设备之间的距离越小，MHC 越小。为此，本节利用设备之间最近距离进行启发式交叉。在交叉操作中，如果子代染色体的当前基因为 O'_{i1}，则父代染色体中 O'_{i1} 的后续工作站为 P'_{i1} 和 P'_{i2}，选择距离 O'_{i1} 较近的工作站作为子代染色体的后续基因 O'_{i2}，重复这步操作直到设备段染色体遍历完成。通过启发式交叉策略，提取亲代中较好的基因，优化子代染色体。启发式交叉方法的执行步骤如下：

步骤 1：利用选择算子选择两个父代染色体 P_1 和 P_2 进行交叉操作。

步骤 2：选择 P_1 的第一个基因放入染色体 O'_1 中，在 P_1 和 P_2 中删除相同的基因。如图 4-8 所示。

步骤 3：取 O' 中最后一个基因记为 O'_{i1}，从 P_1 和 P_2 中找出 O'_{i1} 右边的基因，分别记为 P'_1 和 P'_2；计算设备 O'_{i1}、P'_1 与 O'_{i1}、P'_2 之间的距离，分别记为 dist1 和 dist2。如图 4-9 所示。

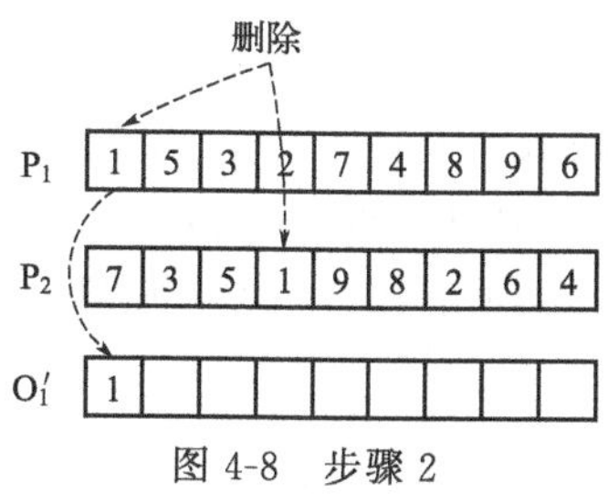

图 4-8　步骤 2

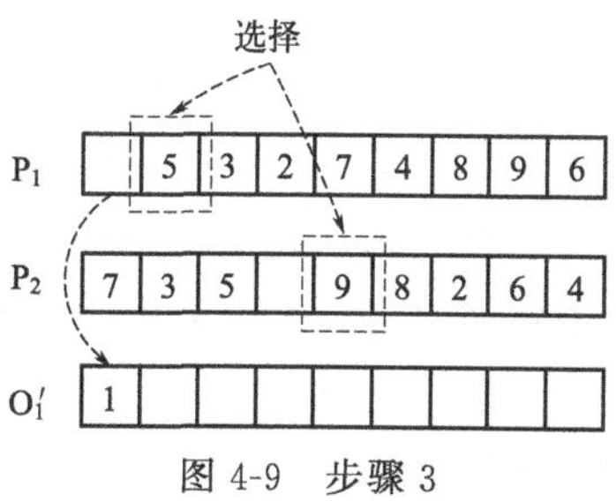

图 4-9　步骤 3

步骤 4：判断 dist1 和 dist2 的大小，如果 dist1 小于 dist2，把 P'_1 放到 O' 中，并从 P_1 和 P_2 中去除 P'_1，反之，把 P'_2 放到 O' 中，并从 P_1 和 P_2 中去除 P'_2。如图 4-10 和图 4-11 所示。

步骤 5：重复步骤 2～步骤 4，直到设备部分染色体一半。如图 4-12 所示。

步骤 6：将 O' 染色体与 P_1 和 P_2 的剩余基因结合，生成单独的 O_1 和 O_2。如图 4-13 所示。

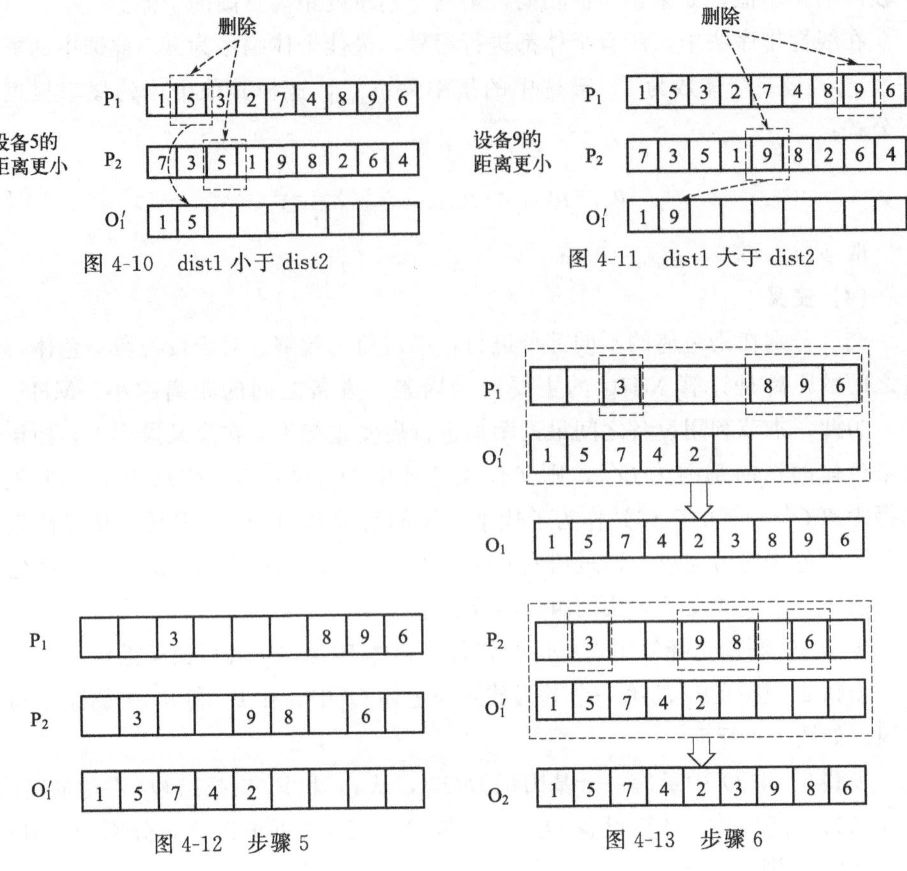

图 4-10　dist1 小于 dist2

图 4-11　dist1 大于 dist2

图 4-12　步骤 5

图 4-13　步骤 6

步骤 7：在 P_2 上执行步骤 1～步骤 6，生成 O_3 和 O_4。

步骤 8：在 O_1、O_2、O_3、O_4 中选择两个最好的个体作为子代体。

中转站部分染色体采用两点交叉法。首先随机选择起点和终点，交换起点和终点之间的染色体，并进行冲突检测，其中中转站只能设置在相邻工作站的中间，在中转站部分，编码为 1 的基因不能与编码为 1 的基因相邻，如果出现这种情况，把后一个 1 改为 0。

(5) 变异

变异操作采用邻域变异方法。首先生成一个长度为 $2n$ 的由随机数 0、1 组成的数组，其中 n 是染色体的长度。其次，染色体在数组中元素 1 的位置发生突变。对于设备部分，交换对应位置的基因，对于中转站部分，将基因改为相反的值，并进行冲突检测。变异过程如图 4-14 所示。

(6) 禁忌搜索

为防止算法早熟，在算法中加入了禁忌搜索策略。禁忌搜索的操作步骤如下：

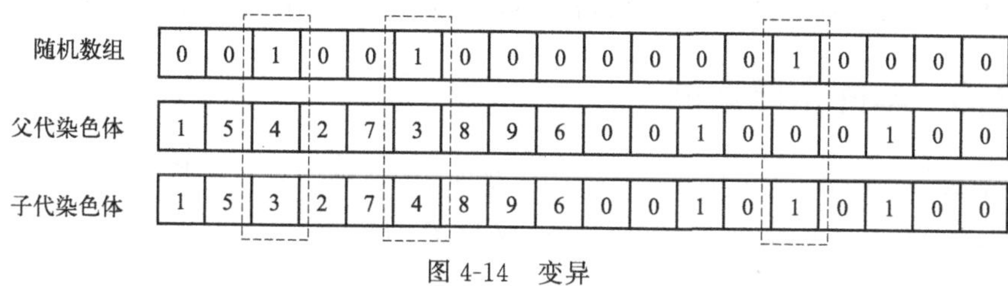

图 4-14　变异

步骤 1：以非支配层级最低的个体作为禁忌搜索的初始解，初始化禁忌列表。

步骤 2：执行邻域搜索以获得候选解决方案，使用插入算子来生成邻域解。通过从染色体上移除一个设备并将其插入到同一染色体上的不同位置来生成邻域解。步骤如下：首先，从 1～m 中随机选择一个数字 p，m 代表设备数量 n 的一半，然后去掉工作站区段的第 p 个基因，插入到不同的位置。只有设备部分执行插入算子，中转站部分保持不变。例如，随机选择的数字为 3，则首先将对应的基因从染色体中去除，如图 4-15 所示，然后插入每个剩余基因的后面，生成邻域解，如图 4-16 所示。

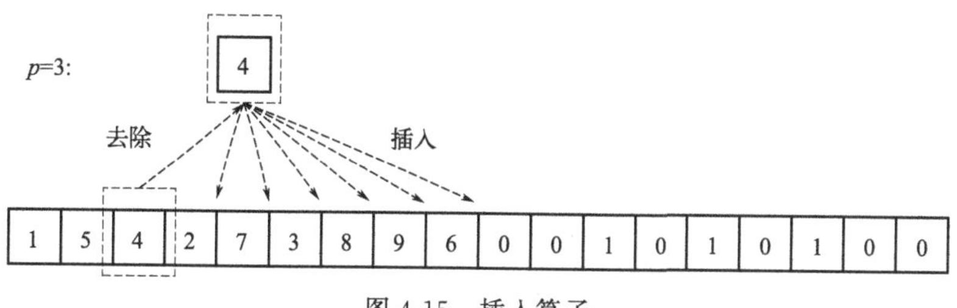

图 4-15　插入算子

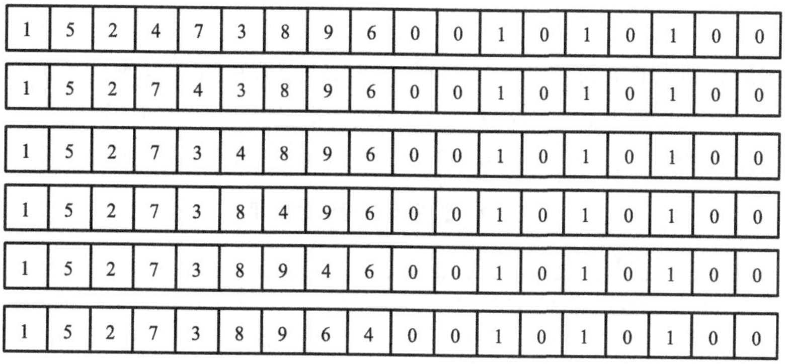

1	5	2	4	7	3	8	9	6	0	0	1	0	1	0	1	0	0
1	5	2	7	4	3	8	9	6	0	0	1	0	1	0	1	0	0
1	5	2	7	3	4	8	9	6	0	0	1	0	1	0	1	0	0
1	5	2	7	3	8	4	9	6	0	0	1	0	1	0	1	0	0
1	5	2	7	3	8	9	4	6	0	0	1	0	1	0	1	0	0
1	5	2	7	3	8	9	6	4	0	0	1	0	1	0	1	0	0

图 4-16　邻域解

步骤 3：进行快速非支配排序，计算拥挤度距离。

步骤 4：当非支配层级最低的候选解优于最优解时，将初始解替换为候选解。否则，将候选解决方加入禁忌表，重复禁忌搜索，直到满足终止条件。

4.3.3 车间布局案例

某机加车间有 32 个设备，它们的大小如表 4-1 所示，厂房长 50m，宽 30m。设备之间横向最小安全距离为 2m，设备之间的纵向最小安全距离为 2m。NSGA-Ⅱ算法的初始种群规模为 200，其遗传代数为 200。被选中的最大概率 $p_{\max}$ 为 0.9，被选中的最小概率 $p_{\min}$ 为 0.1，禁忌搜索代数为 50。

表 4-1 设备的大小

设备编号	长×宽/m	设备编号	长×宽/m
1	4.0×2.8	17	4.1×2.3
2	3.6×2.0	18	2.6×2.0
3	3.2×2.8	19	4.2×2.8
4	3.6×2.4	20	3.2×2.4
5	2.5×1.7	21	2.9×1.7
6	4.0×2.6	22	3.8×2.6
7	4.2×2.8	23	4.5×2.7
8	4.0×2.6	24	3.2×3.0
9	3.6×2.5	25	3.6×3.5
10	3.2×1.7	26	3.4×2.9
11	2.3×1.6	27	3.3×2.0
12	3.0×2.1	28	4.0×2.7
13	4.2×2.0	29	2.2×1.6
14	4.6×3.2	30	3.8×3.2
15	4.0×2.8	31	2.0×2.2
16	4.4×2.7	32	2.6×2.5

算法运行得到的结果如表 4-2 所示。染色体中的设备站段为［10 13 12 14 31 7 25 32 17 4 6 21 9 18 23 24 28 8 3 15 11 20 1 27 16 26 2 29 30 22 19 5］，染色体中的中转站段为［0 0 0 0 0 0 0 0 0 1 0 0 0 0 0 0 0 0 0 0 0 0 1 0 0 0 0 0 0 0 0 0］。

表 4-2 算法运行得到的结果

设备布局	MHC	面积
10→13→12→14→31→7→25→32 17→4→6→21→9→18→23→24 28→8→3→15→11→20→1→27 16→26→2→29→30→22→19→5	45209	866

在布局中，设备分为四行，中转站分别位于设备 4 和设备 20 的后面。

第5章

计划调度建模与仿真

5.1 概述

计划调度是实现生产高效率、高柔性和高可靠性的关键。通过计划调度可以实现生产调度计划优化，快速调整资源配置，统筹安排生产进度，以较低的成本按期交付用户满意的产品，对于提高企业自身的竞争力具有重要意义。

制造车间的计划调度强调以时间为关键的制造思想，更加重视信息的集成、有效运用以及调度与执行的协调。制造企业计划管理层所制定的生产计划是关于制造企业生产系统总体方面的计划，是制造企业在计划期应达到的产品品种、质量、产量和产值等生产方面的指标、生产进度及相应的布置，是指导制造企业计划期生产活动的纲领性方案。其主要侧重于企业管理层，它根据企业订单、市场预测、原材料供应、生产能力等因素，静态编制企业年、季、月生产计划，合理安排计划期内产品的品种、数量和开工/完工时间等，以满足用户的合同要求。生产计划与调度集中在车间的计划与调度方面，是根据上层的计划管理系统制定的生产计划、车间资源条件、制造 BOM 和工艺设计文件，按照车间生产能力最高、车间资源利用率最高和车间生产成本最低等优化目标，计划和调度车间生产任务和资源，具体指的是其中的工序级详细生成计划与生成调度。

工序级详细生产计划是生产计划的继续、延伸和补充，与计划管理层制定的生产计划构成一个紧密联系的体系（这里的生产计划包括年度生产计划/主生产计划、资源计划、详细物料计划、详细能力计划等）。它针对一项可分解的工作（如产品制造），探讨在尽可能满足约束条件（如交货期、工艺路线、资源情况）的前提下，通过下达生产指令，安排其组成部分（操作）使用哪些资源、其加工时间及加工的先后顺序，以获得产品制造时间或者成本的最优化。工序级详细生产计划是企业年度生产计划的具体执行计划，是协调企业日常生产活动的中心环节。它根据年度生产计划的要求，对每个生产单位（车间、工段、班组等）在每个具体时期（年、月、旬、日、轮班、小时等）内的生产任务做出详细的安排并规定实现的方法，从而保证企业按数量、品种、质量、交货期的要求全面完成生产计划。它在时间上细化到每个工作日甚至每小时，在单位上落实到每台设备每个人，即把计划工作负荷分解成一个个精确具体的短期计划。因此，没有一个好的工序级详细生产计划，就不可能保证很好地实现主生产计划。总而言之，工序级详细生产计划的主要目标是通过良好的作业加工排序，最大限度减少生成过程中的准备时间，优化某一项或几项生产目标，为生产计划的执行和控制提供指导。

当工序级详细生产计划制定好之后，在具体实施的过程当中还需要对生产作业过程实施有效的控制，即生产调度，以确定实际生产和计划的要求相一致。良好的生产调度能够预先解决生产中的干扰，缩短产品在车间的流动时间，减少在制品库存，保证准时交货。

一般的生产调度问题都具有以下特点。

① 复杂性：由于生产车间中任务、设备及搬运系统之间互相影响、互相作用，每个任务又要考虑它的加工时间、操作顺序、交货期的改变、紧急订单等，并且在制造资源的分配问题上，存在着数量庞大的解集，在运算量上往往具有NP完全特性，使得常规优化方法难以奏效。

② 动态随机性：在实际的车间计划调度系统中存在很多随机和不确定的因素，比如作业到达时间的不确定性、设备的损坏/修复、作业交货期的改变、紧急订单等。复杂的车间生产环境，对详细生产计划的可行性提出了极高的要求。

③ 多目标性：实际的计划调度往往是多目标的，且目标间可能发生冲突。生产调度的性能指标可以是成本最低、库存费最少、生产周期最短、设备利用率最高等。这种多目标性导致调度的复杂性和计算量急剧增加。

④ 多约束性：生产车间中资源的数量、工件的加工时间和加工顺序都是约束。此外还有一些人为的约束，如要求各机器上的负荷平衡等。

在对车间计划调度问题进行研究的方法上，最初是集中在整数规划、仿真和简单的规则上，这些传统的调度方法在应用中存在很大的局限性，如难以建立准确约束条件下的数学模型，并且求解最优解时，具有随问题规模呈指数倍增长的NP-hard特性，因此只能对小规模的系统求解。随着各种新的相关学科与优化技术的建立与发展，计划调度问题的研究方法向多元化方向发展，比如运筹学方法、基于规则的方法、基于仿真的方法和基于智能的调度方法。这里简单介绍这些方法及各自的优缺点。

(1) 运筹学方法

运筹学方法是将计划调度问题简化为数学规划模型，采用基于枚举思想的分枝定界法或动态规划算法进行解决调度最优化或近优化问题，属于精确方法。这类方法虽然从理论上能求得最优解，但由于计算复杂性而难获得真正实用。对于复杂问题，这种纯数学方法有模型抽取困难、运算量大、算法难以实现的弱点，对于生产环境中的动态调度实现难度大，解决不了动态及快速响应市场需求的问题。

（2）基于规则的方法

对生产加工任务进行调度的传统的方法是使用调度规则（dispatching rules），因其调度规则简单、易于实现、计算复杂度低等原因，能够用于动态实时调度系统中多年来一直受到学者的广泛研究并不断涌现出新的调度规则。但是近十年的研究表明并不存在一个全局最优的调度规则，它们的有效性依赖于特殊性能需求的标准及生产条件。

（3）基于仿真的方法

基于仿真的方法通过运行仿真模型来收集数据，能对实际系统进行性能、状态等方面的分析，从而能对系统采用合适的控制调度方法。计算机仿真的优点及作用：它可以通过模拟待建系统数学模型的动态状况，分析假想系统运行所得到的各种数据，确定所规划设计的真实系统的特性，避免因调度不当造成损失。它是对复杂制造系统进行动态分析的唯一有效方法。基于纯仿真法仍存在以下问题：鉴于其实验性，很难对生产调度理论作出贡献；应用仿真进行生产调度费用高；仿真的准确性受编程人员的判断和技巧限制，甚至很高精度的仿真模型也无法保证总能找到最优或次优解。

（4）基于排序的方法

基于排序的方法，该类方法是先有可行性加工顺序，然后才确定每个操作的开工时间，并对这个顺序优化，虽属近似算法，但有可能达到最优调度。这类方法包括启发式图搜索法、模拟退火法、禁忌搜索法、遗传算法等。它们存在各自的不足，很多学者采取混合算法来弥补单一方法的不足。

① 启发式图搜索法：对于表述为整数规划的调度问题，最初采用分支定界法来解决，而后其他的启发式图搜索法也被应用于解决调度问题。启发式方法的思想是按照调度规则从尚未调度的工序的一个子集中选择一个工序进行调度，直到所有的工序都被调度为止。由于调度规则是基于经验和特定问题，故没有普遍适用的调度规则存在，某一规则只能运用于一定场合的问题，所求得的解只是可行解。

② 模拟退火法：将组合优化问题与统计力学的热平衡问题类比，另辟了求解组合优化问题新途径。其基本思想是将一个优化问题比作一个物理系统，将优化问题的目标函数比成物理系统的能量，通过模拟物理系统逐步降温以达到最低能量状态的退火过程而获得优化问题的全局最优解。该算法是一个通用性强和优

化程度较高的随机搜索算法，适用范围较广，然而也存在着收敛速度比较慢、难以设置复杂的退火进程等缺点。

③ 禁忌搜索法：禁忌搜索（Ts）法是解决组合优化问题的一种搜索策略和方法。概括地讲，它是一种通过使用自适应的记忆功能来引导局域搜索的技术。目前，禁忌搜索法的应用正得到迅速的发展，已在调度、交通运输、旅行商问题、电子电路设计等诸多领域中得到应用。但这种方法有一定的局限性。

④ 神经网络优化：神经网络应用于计划调度问题已有十多年的历史，它在计划调度研究中的应用主要集中在以下两方面：将计划调度问题看成一类组合优化问题，利用其并行处理能力来降低计算的复杂性；利用其学习和适应能力将它用于调度知识的获取，以构造调度决策模型。目前，利用神经网络解决计划调度问题已成为计划调度研究的一个热点，应用最多的是 BP 网，通过对它的训练来构造计划调度决策模型。但神经网络的训练时间较长，无法对结果进行解释，并且网络结构及算法参数不易确定。

⑤ 遗传算法：基本思想是一种基于进化论优胜劣汰、自然选择、适者生存和物种遗传思想的随机优化搜索算法，通过群体的进化来进行全局性优化搜索。其特点有简单通用、鲁棒性强、适用于并行处理以及应用范围广等。近年来受实际需要的推动，基于知识的智能调度系统和方法的研究取得了很大的进展，主要包括智能调度专家系统、基于智能搜索的方法及基于多代理技术（multi agent system，MAS）的合作求解的方法等。其特点是：在支持某些活动发生的资源条件具备时（称为决策点），根据系统当时所处的属性状态，决定采取何种规则（策略），确定或选择活动发生的顺序和时间，即状态指导的智能调度方法。

(5) 基于智能的调度方法

基于智能的调度方法主要包括智能调度专家系统及基于多代理技术的合作求解方法等。其中智能调度专家系统是人工智能应用的体现，由于专家系统中知识获取和推理速度这些瓶颈，使得神经网络逐渐被采用，但存在训练速度慢、探索能力弱等缺点。基于多代理技术合作求解方法是较新的智能调度方法，它提供了一种动态灵活、快速响应市场的调度机制；以分布式人工智能中的多代理机制作为新的生产组织与运行模式，通过代理间的合作及 MAS 系统协调来完成生产任务调度，并达到预先规定生产目的及生产状态。

5.2 车间计划调度问题分析

随着市场经济的发展，企业的制造车间也逐渐向效益型转变。车间作为制造企业的物化中心，它不仅是制造计划的具体执行者，也是制造信息的反馈者，因此车间层的生产管理与信息资源集成是企业生产系统中的重要一环，直接影响制造车间的生产效率。本节将以某制造企业为例，对其生产车间的业务流程进行分析，并重点针对其计划调度流程提出计划调度管理的建模方法。

5.2.1 车间计划调度业务流程

某企业是全国最大的机械工业企业之一，属于离散工业。近年来，随着该企业生产任务的不断增加，研制生产与批量生产同时存在，产能明显不足，成本居高不下，产品生产周期过长的问题已经凸显。

该车间主要生产某典型零件，为典型的多品种小批量生产的离散加工车间，目前采用任务驱动的生产模式。其生产组织方式是三级管理：车间主任、工长、班组长/工人。车间的职能部门包括工艺组（包括技术资料室）、调度组（包括计划员、调度员等，负责各自生产单元的生产准备、协调和管理零件周转的工作）、劳资组、维护室（管理设备维修维护）、工具室等。根据零件加工的特点，一线生产工人组成四个生产单元形成若干生产线。每条线成为一组，设有组长，每个小组设有一个质检员。车间生产的主要业务流程如图 5-1 所示。

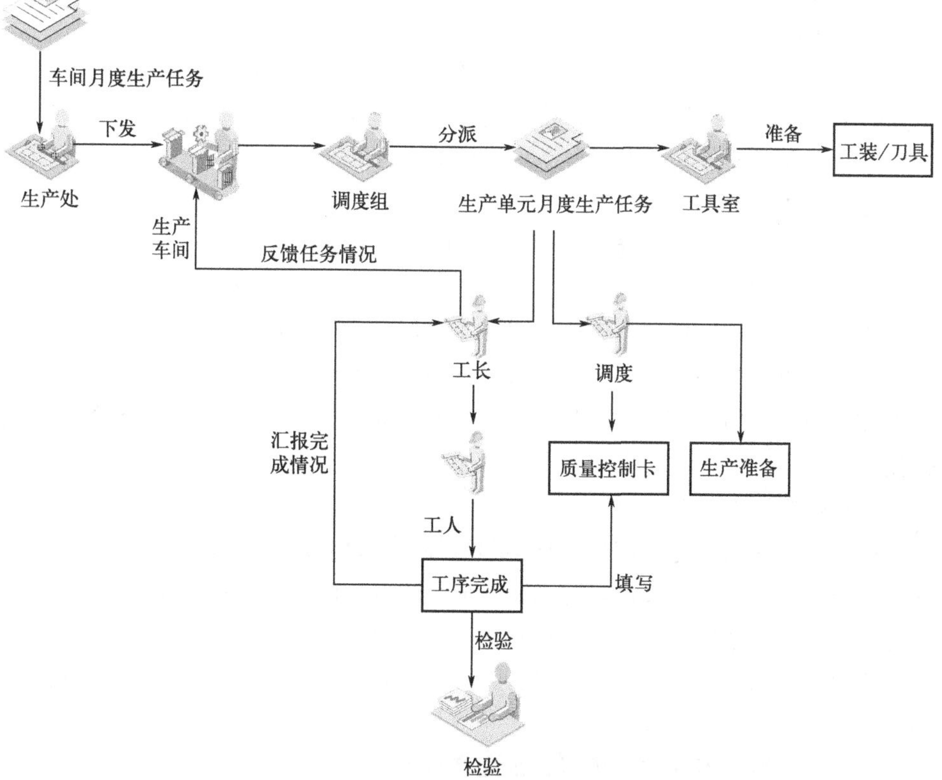

图 5-1 车间计划调度业务流程

① 车间接收到车间月度生产计划，之后准备工艺规程，并进行车间生产任务分解，向各生产单元下达月度生产计划。

② 各生产单元的月度生产计划大纲下达到生产单元，其主管调度员进行生产准备，并将工艺规程、图纸、材料交给各生产单元，放在原材料库里。

③ 各生产单元的工长给工人分派加工任务项，并到材料库房领材料、工艺规程、质量控制卡和图纸，发给相应的加工工人开始加工。工人接到任务、质控卡、工艺和原材料后向工具室借刀具量具，根据工艺规程加工。完成一批零件某道工序加工后，填写质量控制卡。各工长向车间主任反馈作业计划的执行进度。

④ 加工完的一批零件进入总检，总检按照图纸检查，合格就开合格证，不合格就返修或者报废，各生产单元安排人员返修处理。

5.2.2 车间计划调度业务流程分析

根据对生产车间现行业务信息流程的归纳分析，发现在生产车间管理中，计划调度是生产单元的工作核心。计划是企业赖以实现管理目标的重要基础和保障。车间库存、工具等部门在计划的“拉动”下，保证生产的正常运转。下面针对计划调度的现行流程重点进行描述。

(1) 生产计划下发

车间接到生产处下发的车间月度生产计划大纲。调度组计划员根据四个生产单元的生产特征进行任务分配，将车间月度生产计划大纲分解为四个生产单元的月度生产计划，并落实分派到各个生产单元。

(2) 计划制定

下达到生产单元的月度生产计划仅针对于每种零部件，不能够精确到零部件的各个生产工序。工长接收到生产任务之后，根据工人的经验、能力口头给工人分派加工任务项，调整零部件的日计划（工序的开工时间、完工时间、加工设备、加工工人）。工序的调整是根据零件难易程度、工序的长短、是否需要外协来进行先后安排，可以发挥工人的经验，但是缺少足够的科学依据。

(3) 生产调度

按照生产计划进行领用生产材料和零件，随之生成生产批次。当生产加工过程中出现异常时通知工长进行协调，生成批次的同时生成质量控制卡。零部件加工过程中，对质量控制卡的工序填写加工质检情况。

根据实际的调查研究，可以发现现行车间生产计划管理方法上存在以下问题。

(1) 缺乏科学客观的工序级详细生产计划

生产单元从车间接收到月度生产计划，没有准确的工序级详细生产计划把月度生产任务大纲转变为每个班组、人员、每台设备的工作任务，即具体地确定每台设备、每个人员每天的工作任务、零部件在每台设备上的加工顺序，机器加工每个零部件的开始时间和完成时间。任务调度和分派只能凭借工长对工人的经验、能力的感受，并没有考虑生产单元生产的实际负荷、已经开始生产的任务是否与之冲突，很难实现资源优化配置。

(2) 在制品等待时间长

在实际加工过程中，大多零件采用排队供应生产模式，一批零件加工完，检验合格后才能转入下一道工序，即使设备有空闲，零件也需要等待。由于没有详细作业计划，工人做完一道工序必须向工长汇报，工长再进行下一道工序的派工，有相当长的等待时间。管理人员不了解外协工序的加工进度，调度员从外协车间领回工件不能及时通知工长，生产进度受外协工序的影响较大。

(3) 生产调度的随意性

由于没有科学客观的工序级详细生产计划作为参考，且目前生产调度基本上由人根据生产现场的进度情况以及一些经验原则主观确定，因此当生产中出现问题时，各工序之间的相互协调和平衡依靠人来临时决定并口头传达，因此难免具有临时性和随意性，容易造成生产过程的不规范和不平衡，使得加班时间增加，生产周期延长，生产成本提高。

(4) 生产中异常处理周期长

在实际生产过程中，对于制造系统的工艺、工装、质量和设备异常情况，由于支持手段的落后和管理体系的原因，信息反馈周期长，增加了质量问题处理、技术问题处理等的等待时间。例如靠调度来了解生产进度并对生产出现的问题进行协调，异常处理反应速度不及时。这些时间问题影响了生产效率和车间的效益。车间中存在 80/20 的时间比例，即不增值时间和制造任务处理时间比例为 8∶2。因此提高效率要尽量压缩以上非增值时间。

(5) 生产进度状况反馈信息粗糙、不及时

车间及生产单元的生产状况信息的统计需用手工操作，任务繁重、难度大、效率低且易出错。目前的生产统计工作只能反映产品的投入、在制、等待、完工等粗糙信息，不能为生产动态调度等的决策提供足够详细而又适时的信息。为获得零部件的详细进度信息和生产中出现的问题，只能由调度员在现场作观察和记录，这样不准确且不规范。

(6) 没有采用严格的批次生产管理方式

车间及生产单元需要对产品的质量、产量、生产周期和追溯性进行控制，因此采用了批次管理的生产方式。但是目前的批次管理不严格、不规范，没有相应完整的批次管理规范，这导致没有严格的批次划分和批次控制方式，同时也有对批次分解的记录。

(7) 信息处理和存储方式落后

计划调度员填写的文档、单据一般以纸介质的形式保存。由于信息量非常大，人工查找和保存信息非常困难。车间信息的处理方式主要是手工处理，很多信息由几个部门重复填写。这导致信息冗余，不能保证数据一致性、完整性和准确性。

5.2.3 车间计划调度模板建模

对 5.2.2 节中分析的目前离散制造企业中车间计划调度工作存在的问题，及其多品种小批量的离散加工的特点，采用基于模板计划调度管理方法，对目前计划调度工作加以改进与优化。

前人研究的详细生产计划制定方法大多是在经典的计划调度问题模型的基础上，针对具体问题提出解决方法，忽略了车间生产过程中的问题的复杂性，难以应用于生产实际。本节将基于模板技术的特点，以车间的月生产任务计划大纲为基础，通过建立各种生产计划模板将复杂问题简单化，并在制定详细生产计划时，充分利用人的经验，调动人的主观能动性，合理利用各种生产资源，在工艺约束和制造企业生产能力约束下，制定合理的车间计划——工序级详细生产计划，并根据需要在生产过程中运用动态调度策略对其进行动态调度。

“模板”一词最初并非源于计算机领域，据《辞海》中的解释，模为造物器物的模型。模板有三种含义：其一称“型板”，在铸造中，指将铸模连同浇注系统的模型一起固定的板，用来造型的模具；其二称“模型板”“壳子板”，用作浇注混凝土及砌筑砖石拱等的模子，其形状与构件相适应，一般用木材或钢材做成；其三是按照原有生物高分子的结构，合成新的生物高分子的过程，前者是后者的模板。

基于学科的交叉性及问题共性的抽象存在，有关模板的研究横跨多个领域，具有通用性、灵活性、针对性的特点。模板概念不仅在建筑、铸造等行业得到了广泛的应用，其相应技术也分别在办公自动化、程序设计、电路设计、图像处理与模式识别、工程设计及软件工程、系统开发等方向充分发挥了特有的优势。

模板的应用领域相当广泛，其固有的基本特征包括以下几个。

① 模板具有变异性。模板虽是具有相对固定格式的规范，但是并非固定不可变的，根据实际需求，模板存在着某些变化，这些灵活的可变性，正是模板显示实力的基础。

② 模板可以嵌套。模板不仅可以应用在完整问题描述，当分解出的有效子问题存在着合适的共性时，同样可以采用模板加以描述，而模板间的嵌套关系由此产生。

③ 模板支持定制。模板是规律及特征的凝结，合理的定制功能是优秀模板产生的途径。

④ 模板支持复用。模板作为对于具有相似模式的对象的抽象，可被重复、适时地加以应用。

由于多种模板应用的内部机理和原则十分相似，因此模板可以理解为一种具有相对固定格式的规范，是定义和描述某一类相似事务的标准。烦琐与杂乱性工作是引入模板的根本原因，因此模板多是在总结规律、统一规范的前提下以确保结果正确、提高效率、减少时间为目的展开应用的。

鉴于模板的诸多优良性质，基于模板计划调度管理可以避免常规算法中对问题过于抽象所造成的生成的详细作业计划实用性不强的弱点，让人充分参与计划的制定过程，将长期积累的经验反映在详细作业计划中，使得制定的工序级详细生产计划在生产实践中切实可用，及时反映生产进度，减少在制品等待时间，缩短生产异常处理周期，提高生产效率。

在计划调度管理中，针对车间具体的生产过程及生产过程中制定的各类生产计划，分别制定月度生产任务模板、批次生产任务模板、工序级详细生产计划模板及动态调度模板。

(1) 月度生产计划模板

依据生产车间从企业生产处接收到的月度生产任务制定月度生产计划模板，其主要属性为：任务编号、图号、单位、时间、计划数量、计划进度、生产路线、计划类别、任务状态等信息，需要注意的是：

① 由于生产车间的月度生产计划中的生产任务编号在一年甚至几年中都有可能是一样的，但是对于每个月中是唯一的，因此在建立月度生产计划模板时，只有通过生产任务编号和时间来唯一确定一个月度生产任务。

② 图号用来确定生产任务使用的工艺规程。

③ 计划类别分为固定项、力争项、在制项和补充计划。固定项指本月必须完成的任务；力争项指这个月力争完成的任务，下个月可能会转为固定项；在制项指生产线持续比较长的制造任务，原本肯定不能完成，但后续还会继续再派的制造计划；补充计划是指未在计划大纲中列出的本月计划，但可能由于是紧急件或者生产处漏掉的计划而进行的派工。

④ 属性中的任务状态通过数字来表示。0——未下发：表示该月度生产计划没有下发到生产单元；1——准备：表示该月度生产计划已下发到生产单元，但还未制定相应的批次生产计划；2——就绪：已经制定了批次生产计划和工序级详细生产计划，即已经完成了排产，但是还没有开始生产，没有派工；3——运行：已经将工序级生产计划派工（派工是根据工序级详细生产计划只派当天的工作），并开始生产；4——完成：已经完成了该任务；5——挂起：由于生产异常

或其他原因，该任务被挂起，之后会继续进行生产；6——终止：该任务因为某种异常而被终止。

在确定模板的基本属性及其含义的基础上，进一步确定模板的基本操作，包括月度生产计划的增加、修改、删除和查询，并且可以根据实际需要添加月度生产计划属性及操作，对月度生产计划模板进行定制。

(2) 批次生产计划模板

批次生产计划模板与月度生产计划模板类似，但由于面向对象的不同，在属性等方面就有所不同。批次生产计划模板是面向生产单元的，其主要属性包括：

① 批次生产计划隶属的月度生产计划编号。

② 批次编号：由月度生产计划中的生产任务编号生成，在生产任务编号后面加上“-”和数字即可，如果月度生产计划中的任务编号为“HC36EW-018-0609”，则其批次编号为“HC36EW-018-0609-1”“HC36EW-018-0609-2”等。由于生产任务编号具有重复性，相应的批次编号也可能重复，因此每个月中的批次生产任务也需要通过批次编号和时间来唯一确定。

③ 批次数量与批次进度：受月度生产计划的约束。隶属于同一个月度生产任务的所有批次的批次数量之和必须等于该月度生产任务的计划数量，其批次生产进度也要在月度生产计划的计划进度之前，至少与其相同，这样才能保证生产任务按时按量完成。在应用批次生产计划模板制定批次计划时，用户可以根据需要通过 MES 的工艺规程管理功能模块查询其对应的工艺，可以根据某些工序的特点确定批次的数量（例如，热处理工序一次可处理工件的数量为 4 件）；也可以根据用户的经验确定批次数量。

④ 批次开始时间与批次结束时间：根据该批次中所有工序的计划开始与结束时间来确定，即该批次第一道工序的开始时间为批次开始时间，最后一道工序的结束时间为批次结束时间。

⑤ 批次状态：与月度生产计划模板中的任务状态属性类似，也用数字来表示。0——准备；1——就绪；2——运行；3——完成；4——挂起；5——终止。

批次生产计划模板的主要操作包括对批次生产计划的增、删、改等，也可根据需要对批次生产计划模板进行定制。

(3) 工序级详细生产计划模板

工序级详细生产计划模板以批次生产计划模板中的信息为基础，通过批次生产计划隶属的月度生产计划中图号这一属性可以确定生产任务加工的工艺规程和具体的加工路线，在满足批次计划进度和工艺约束条件下，考虑设备的加工能力，通过工序级详细生产计划模板制定工序级详细生产计划，确定加工零件、具体工序、加工的开始和结束时间、加工所使用的设备、物料和工装等并以甘特图的方式直观地显示给计划员，保证生产任务的执行在时间或成本上达到最优化。制定工序级详细生产计划时，暂时不考虑批次生产任务的生产准备情况。

工序级详细生产计划制定好之后，需要对每道工序的加工时间和加工设备进行派工，即将生产任务具体派发到加工设备和加工工人处，并且可以通过生产任务的进度状态实时反映出该生产任务的不同生产状态（0——未派工、1——已派工、2——加工、3——挂起、4——完成、5——终止）。

(4) 动态调度模板

动态调度是针对实际生产过程中出现的生产异常，对详细作业计划进行动态调整，使得生产能够顺利平滑进行的过程。其中，生产异常指的是在生产过程中发生的使得生产无法依照制定好的生产计划顺利进行的事件，例如设备故障、紧急任务插入等。实际生产中所出现的生产异常主要包括进度提前/滞后、设备故障、紧急任务插入等。实际生产过程中，生产过程管理模块实时将生产异常警告反馈给工长，工长从生产过程管理模块查询生产异常的详细信息，之后通过动态调度模板的使用，对工序级详细生产计划进行修改，生成新的可执行的工序级详细生产计划，继续指导生产的正常平滑进行。动态调度模板中包括对生产异常的分类及各种生产异常具体的动态调度策略。在实际应用动态调度模板时，根据不同的生产异常，在动态调度模板中选择不同的动态调度策略，生成新的工序级详细生产计划，指导生产正常进行。

以上几类模板的关系如下：

① 月度生产计划模板是面向月度生产任务的，通过其图号属性与工艺规程基本信息相联系，进一步与工艺规程详细信息相联系，确定月度生产计划中具体的工序信息及生产准备等信息。

② 月度生产计划可以通过批次生产计划模板划分为若干批次生产计划，它们之间是一对多的关系。另外，批次生产计划继承月度生产计划中的部分属性，例如图号等。

③ 同样，批次生产计划与工序级详细生产计划之间也是一对多的关系。通过批次生产计划中的图号，与工艺规程详细信息相关联，根据工艺规程中的工序详细信息与设备信息，通过工序级详细生产计划模板为每个工序制定工序级详细生产计划，其中零件数量属性也是继承自批次生产计划。

月度生产计划、批次生产计划与工序级详细生产计划分别是月度生产计划模板、批次生产计划模板与工序级详细生产计划模板实例化的结果。

④ 动态调度模板与工序级详细生产计划模板相关联，也是一对多的关系，但与前面不同的是，动态调度模板是对若干工序级详细生产计划进行调整，这

些工序级详细生产计划之间并不一定属于同一批次生产计划。动态调度模板也需要与其他模块的信息进行交互，才能决定采用哪类动态调度策略进行动态调度。

5.2.4 模板在计划调度管理中的应用

月度生产任务模板、批次生产任务模板、工序级详细生产计划模板及动态调度模板在基于模板计划调度管理中应用的具体过程如下：

① 在车间接收到企业生产处下发的车间月度生产计划时，通过月度生产计划模板建立月度生产计划。之后，通过 MES 中的工艺规程管理模块得到相应的工艺规程，据此将月度生产计划分派给不同的生产单元，并通知工具室准备相应的工装与刀具。

② 生产单元得到车间分派的月度生产计划后，通过批次生产计划模板，实现批次任务的划分及管理，确定批次生产计划的编号、批次数量、批次计划进度等信息，方便进行批次生产管理，保证生产计划产量、质量的追踪与控制。

③ 在确定了批次生产计划之后，根据主管调度员通过库存、工装和设备管理功能模块确定的生产准备情况，合理利用各种生产资源，在工艺约束和单元生产能力约束下，调用工序级详细生产计划模板，通过甘特图对生产计划清晰直观的反映，充分利用人长期积累的经验，制定科学、客观、详细的生产计划。之后，就可以根据制定好的工序级详细生产计划派工给相应的加工工人（具体加工设备），并且在实际加工过程中与加工结束时进行质量检验。

④ 在工人实际加工过程中或者质量检验时，会出现生产异常，例如设备故障、质量超差、紧急任务等，使得生产不能按照预先制定的工序级详细生产计划进行。这时，生产过程管理功能模块能够实时监控到这些生产异常警告，并反馈给工长，工长从生产过程管理功能模块中查询到生产异常的详细信息后，调用动态调度模板，对工序级详细生产计划进行修改，生成新的可执行的工序级详细生产计划，继续指导生产的正常顺利进行。

5.3 基于模板技术的计划调度建模

5.3.1 动态调度模板过程模型建立

实际生产过程中，由于生产任务多品种、小批量和质量要求高等特点，致使车间生产环境的复杂性大大提高，因此引起生产异常的频繁出现，生产车间经常出现的生产异常主要包括设备故障、实际进度提前或滞后、紧急任务插入等。而这些异常均能导致任务的计划进度发生改变，为使任务满足交货期要求或提高设备利用率，必须对这些异常扰动事件做出正确处理，即动态调度。如图 5-2 所示为动态调度过程模型。

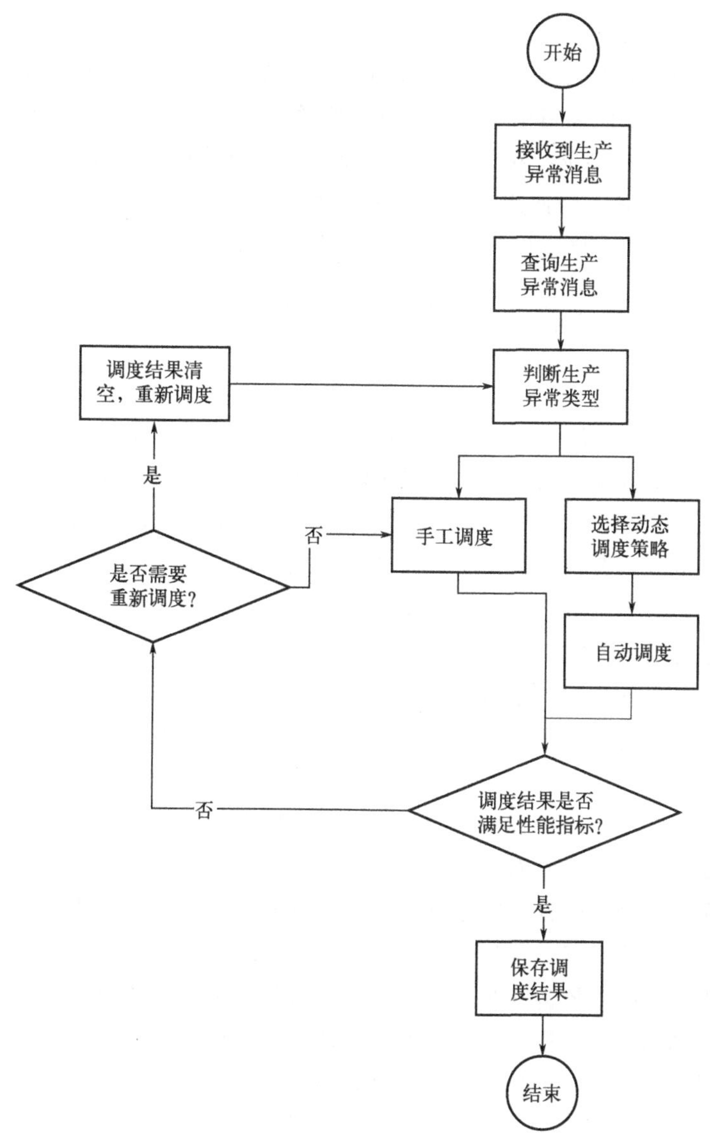

图 5-2　动态调度过程模型

① 接收到生产过程管理模块发送的生产异常消息，并到生产过程管理模块查询生产异常信息的详细内容（包括生产异常发生的批次编号、工序号，加工设

备及生产异常名称等)。

② 根据生产异常信息判断生产异常的类型：进度提前/滞后、设备故障、紧急任务等，并选择动态调度方式(自动调度或者手工调度)。

③ 如果选择自动调度，则根据生产异常类型选择相应的动态调度策略进行自动调度；如果选择手工调度；则调用工序级详细生产计划模板中基于甘特图的方法进行手工调度。

④ 进行动态调度之后生成新的工序级详细生产计划，即动态调度结果，评估该结果是否满足性能指标（满足交货期要求或设备利用率达到要求)。

⑤ 如果不满足性能指标，需要进一步判断是否需要重新调度。

⑥ 如果不需要，则使用手工调度的方法对调度结果进行调整，使之满足性能指标；如果需要，则返回第②步，重新开始动态调度。

5.3.2 动态调度模型及其实现机制

根据以上过程模型，即可知对生产异常进行自动调度的动态调度策略为其核心内容之一。动态调度问题的复杂性在于生产过程的连续性及生产异常的不确定性，例如某台设备发生故障时，不仅影响安排在该设备上的后续计划，还影响到当前加工工序的所在批次的后续工序计划，其最终结果也许将导致整个生产单元的后续计划全部需要调整，即所谓的“牵一发而动全身”。因此，进行动态调度的困难之处即在于确定有哪些工序需要进行调整，并且这些工序依照怎样的顺序进行调整才能满足性能指标的要求。

在前面分析基础上，本节对生产异常进行动态调度的实现机制为：通过建立动态调度列表，将需要调整详细生产计划的工序加入其中，并根据性能指标以一定的方式对其进行排序，然后按照列表的顺序依次对工序的详细生产计划进行调整，最终生成新的工序级详细生产计划，实现生产异常的动态调度，并以生产计划的交货期为基本目标来对动态调度结果进行评估。

对于车间来说，保证按时按量完成生产任务是最基本的也是最重要的要求，因此本节以时间为准绳，采用基于工序最早开始时间的方法对动态调度列表进行排序。如果车间生产资源充足，在任务开始时间，生产任务的第一道工序就可以开始加工，则第一道工序的最早开始时间即为生产任务的开始时间；而第二道工序的开始时间，即为生产任务的开始时间再加上第一道工序的加工时间；依次类推，即可得到生产任务中每道工序的开始时间，即为他们的最早开始时间。同理，在保证生产任务按时完成的前提下，最后一道工序的最晚结束时间必须早于生产任务的交货期，则最后一道工序的最晚结束时间即为生产任务交货期；而倒数第二道工序的最晚结束时间应为交货期减去最后一道工序的加工时间；依次类推，即可得到生产任务所有工序的最晚结束时间。这样对于生产任务的每一道工序都可得到最早开始时间和最晚结束时间，在进行动态调度时，工序的详细计划必然在这两个时间点之间，才能保证生产任务的按时完成。因此，以最早开始时间为基准，对动态调度列表进行排序，并依此顺序制定详细生产计划，以保证生产任务按时完成。

5.3.3 动态调度策略建模

（1）进度提前/滞后策略

当生产异常的类型为进度提前或者滞后时，采取下列策略进行动态调度。

① 工序进度提前。一种简单的策略即是令后续加工计划不变，将工件在进度前的工序处停留直至计划中的工序加工结束时间。但这种策略不利于提高设备利用率和单元的生产率。当工序进度提前的时间不多时，可以采取这种策略。

当工序进度提前的时间较多时，采取下面的策略。

a. 初始化动态调度列表：将进度提前工序所在加工设备后续工序和进度提前工序的下一道工序添加到动态调度列表中（共两道工序）。将动态列表中的工序从详细计划中删除。

b. 计算动态调度列表中工序的最早开始时间，并根据工序的最早开始时间对工序进行排序，重置动态调度列表，将最早开始的工序放在列表的开端。

c. 依照动态调度列表次序，将工序计划开始时间提前。查询该工序上一道工序的加工结束时间和工序加工设备上前面任务加工结束时间，将两个时间中较晚的一个时间作为该工序的加工开始时间。如果该时间与原计划中工序的加工开始时间不同，则将该工序所在加工设备后续工序和进度提前工序的下一道工序依照工序的最早开始时间添加到动态调度列表中。将加入动态列表中的工序从详细计划中删除。

d. 检查动态列表是否为空，如果不为空，返回 c。

② 工序进度滞后。同样也有简单的策略，如果任务要求比较紧急，可以将在计划时间内没有完成的工作安排到加班时间来完成，这样也不用改动原工序级详细生产计划。当任务不紧急，不安排加班来完成工作时，可采用下面的策略。

a. 初始化动态调度列表：将进度滞后工序所在加工设备的后续工序和进度滞后工序的下一道工序添加到动态调度列表中（共两道工序）。将动态列表中的工序从详细计划中删除。

b. 计算动态调度列表中工序的最早开始时间，并根据工序的最早开始时间对工序进行排序，重置动态调度列表，将最早开始的工序放在列表的开端。

c. 依照动态调度列表次序，将工序计划开始时间推后。查询该工序上一道工序的加工结束时间和工序加工设备上前面任务加工结束时间，将两个时间中较晚的一个时间作为该工序的加工开始时间。如果该时间与原计划中工序的加工开始时间不同，则将该工序所在加工设备后续工序和进度滞后工序的下一道工序依照工序的最早开始时间添加到动态调度列表中。将加入动态列表中的工序从详细计划中删除。

d. 检查动态列表是否为空，如果不为空，返回步骤 c。

(2) 设备故障策略

当设备故障生产异常出现时，任务监控将出现故障的设备编号和该设备当前加工的工序等相关信息传递给动态调度模块。处理设备故障的具体策略如下：

① 选择设备：为出现故障的设备选择一个替代设备，如果可以保证工序级详细计划中其他详细作业计划不变，则将出现故障的当前加工工序任务重新派工给替代设备，动态调度完成；如果不能保证，转到②。

② 初始化动态调度列表：将由设备故障直接影响到的工序（即安排在故障设备上的加工工序）记录下来，生成动态调度列表。将动态列表中的工序从详细计划中删除。

③ 计算出动态调度列表中所有工序的最早开始时间，并根据工序的最早开始时间对工序进行排序，重置动态调度列表，将最早开始的工序放在列表的开端。

④ 按照动态调度列表的顺序，以最早开始时间准则为依据制定工序级详细生产计划，确定工序的加工设备、加工开始时间和结束时间：之后，将工序从动态调度列表中删除。

⑤ 判断重新制定的工序的详细计划与原来工序的详细计划是否相同，如果不同，则需要在动态列表中插入下列类型的工序：原计划中处于该设备该时间段的工序、原计划中在动态调度工序之后的工序、原计划中与修改后的计划冲突的工序。将插入动态调度列表中的工序从详细计划中删除。如果相同，则转到步骤⑥。

⑥ 检查动态列表是否为空，如果不为空，返回④。

(3) 紧急任务策略

在实际生产过程中，有紧急任务需要加入时，有时需要中断当前的工作，先完成紧急任务的加工；有时先完成当前加工任务，再加工紧急任务。确定紧急任务的计划进度，即交货期，其具体的动态调度策略如下：

① 初始化动态调度列表：将紧急任务加工所需要使用的设备上正在加工的工序和紧急任务的加工工序记录下来，生成动态调度列表。

② 计算出动态调度列表中所有工序的最早开始时间，并根据工序的最早开始

始时间对工序进行排序，重置动态调度列表，将最早开始的工序放在列表的开端。

③ 按照动态调度列表的顺序，以最早开始时间准则为依据制定工序级详细生产计划，确定工序的加工设备，将该工序的前一道工序的结束时间和选择加工设备的工序加工开始时间中较晚的一个时间作为当前工序的结束时间，再确定加工开始时间；之后，将工序从动态调度列表中删除。

④ 检查动态列表是否为空，如果不为空，返回③。

第6章

基于蚁群算法的物料配送路径建模与优化

6.1 蚁群算法概述

蚁群算法（ant colony optimization，ACO）是一种对蚂蚁群落的觅食行为进行的模拟优化算法，它最早被意大利学者 Marco Dorigo 等人于 1991 年提出，灵感源自蚂蚁觅食过程中路径选择及信息素释放的行为，并首先使用在解决 TSP（旅行商问题）上。

蚁群算法是受到蚂蚁群体觅食行为启发而提出的。在蚂蚁进行觅食时，一群蚂蚁相互协作，能够找到蚁穴和食物之间的最短距离，但单只蚂蚁不具备这种能力。针对这种现象，生物学家进行了大量研究，发现蚂蚁之间的行为是相互影响的，当蚂蚁在运送食物时会在其经过的路径上留下一种称为信息素的物质，信息素是蚂蚁之间进行信息交互的载体，后面的蚂蚁会追踪前面的蚂蚁留下的信息素进行前进，并且继续留下信息素，一条路径上经过的蚂蚁数量越多，信息素的浓度就越高，这条路径被后续的蚂蚁选择的概率就越大。蚂蚁的这种群体觅食行为呈现出一种信息正反馈现象，蚂蚁群体就是通过这种通信机制实现协同搜索最短路径的目标。

在著名的双桥实验中，蚂蚁首先被两座等长的桥连接到食物源，蚂蚁可以经过任何一座桥找到食物，蚂蚁在开始时会随机选择一座桥，随着时间变化，一座桥的信息素浓度变得更高，吸引了更多蚂蚁，最终大多数的蚂蚁（90%以上）都选择同一座桥。在不等距双桥实验中，一座桥比另外一座桥长，选择短桥的蚂蚁总能够先回到蚁穴，短桥上的信息素浓度比长桥的高，蚂蚁更倾向于选择短桥。如图 6-1 所示。

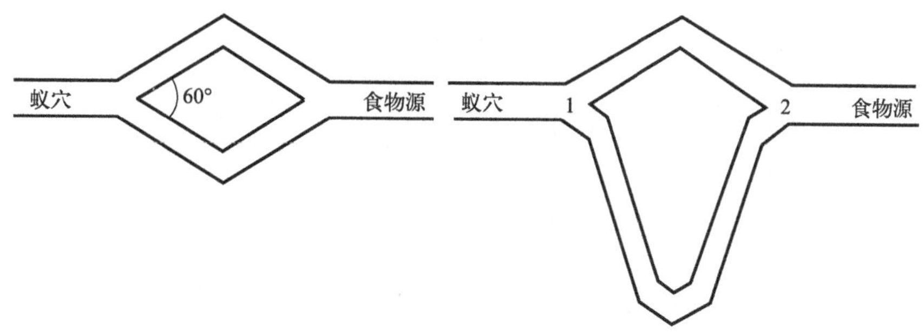

图 6-1　双桥实验示意图

蚁群算法的基本原理如下：

① 蚂蚁在路径上释放信息素；

② 未涉足过的路径，进行随机选取，运动中不断排出信息素，其值与路径长短有关；

③ 每条路经的信息素浓度与路径长短为负相关关系，其他蚂蚁对信息素浓度高的路径优先选择；

④ 最优路径上的信息素浓度随着经过蚂蚁的数量增加而不断增大；

⑤ 最优觅食路径最终得以被蚁群找到。

为了对蚁群觅食行为进行模拟，需要引入人工蚁群。人工蚁群和真实蚁群有一定的区别，两者的对比如表 6-1 所示。

表 6-1　人工蚁群与真实蚁群对比

人工蚁群与真实蚁群	
相同点	不同点
①蚁群个体间可相互交流和通信； ②目的为寻找最优路径； ③选择新路径时以已知信息为基础进行随机路径选择	①人工蚁群具有记忆能力； ②人工蚁群路径选取非全盲目性； ③人工蚁群的蚂蚁处于同一个离散的时空内

基本蚁群算法的求解流程如图 6-2 所示。

步骤 1：初始化算法参数，包括设置目标函数、信息素初始值，并初始化蚁群，令蚁群随机从蚁穴向目标出发。

步骤 2：根据状态转移规则选择路径中的下一节点，开始路径搜索循环，期间更新禁忌表和最优解。

步骤 3：当该批蚂蚁遍历完后，更新信息素，然后在保留当前路径数据和蚂蚁信息素的条件下，重新初始化蚁群，继续循环。

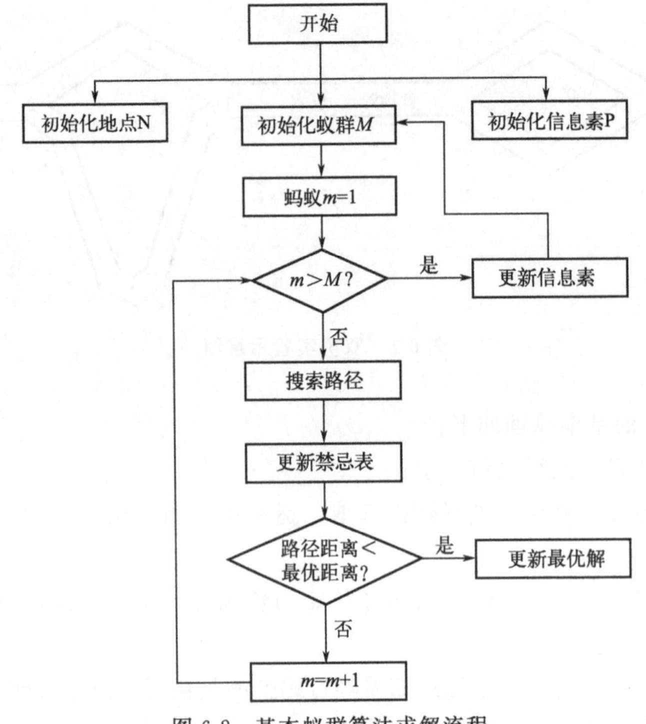

图 6-2 基本蚁群算法求解流程

6.2 装配车间物料配送路径优化概述

装配车间物料配送负责将装配所需的各类物料按时、准确地配送到现场工位，以保证装配过程的有序、平稳运行，一旦出现延迟将会影响现场进度，进而影响产品交付，为企业带来经济损失。特别是近年来在精益生产等先进制造模式影响下，企业为了进一步降低生产成本，采用非核心产品外包与第三方物流托管等方式来实现对于物料的零库存管理，对物料配送的实时性、敏捷性提出了更高的要求。但目前大多数装配车间主要利用扫描枪或人工输入等方式进行现场过程数据采集，装配过程数据仍大量通过纸质表单进行记录与传递，数据采集的准确性与实时性不强，难以准确获取现场实时装配进度，并且无法在现场状态发生变化、出现物料短缺或质量问题时对物流配送进行相应的调整，无法保证物料配送与装配进度两者的一致性。

近年来随着计算机技术、网络技术与传感技术的发展，先进制造国家纷纷提出了智能制造战略，旨在通过建立融合物联网、服务网和信息网的信息物理系统（cyber physical systems，CPS）实现更精确的过程状态跟踪和更完整的实时数据获取，并在科学决策支持下对生产制造过程进行更科学的管理，以实现更加灵活与柔性的过程控制。本节将制造物联技术应用到装配车间物料配送路径优化中，搭建基于实时制造状态信息的路径优化技术框架，通过制造物联技术实现实时制造进度的感知，在此基础上进行配送优先级计算和路径优化建模，以提高车间物流与现场情况两者的一致性，提升物料配送的实时性、敏捷性。

面向制造物联的物料配送路径优化技术框架如图 6-3 所示。首先针对装配车间物料特点，综合考虑物料价值、用途、体积、配送方式等特征，采用 ABC 分

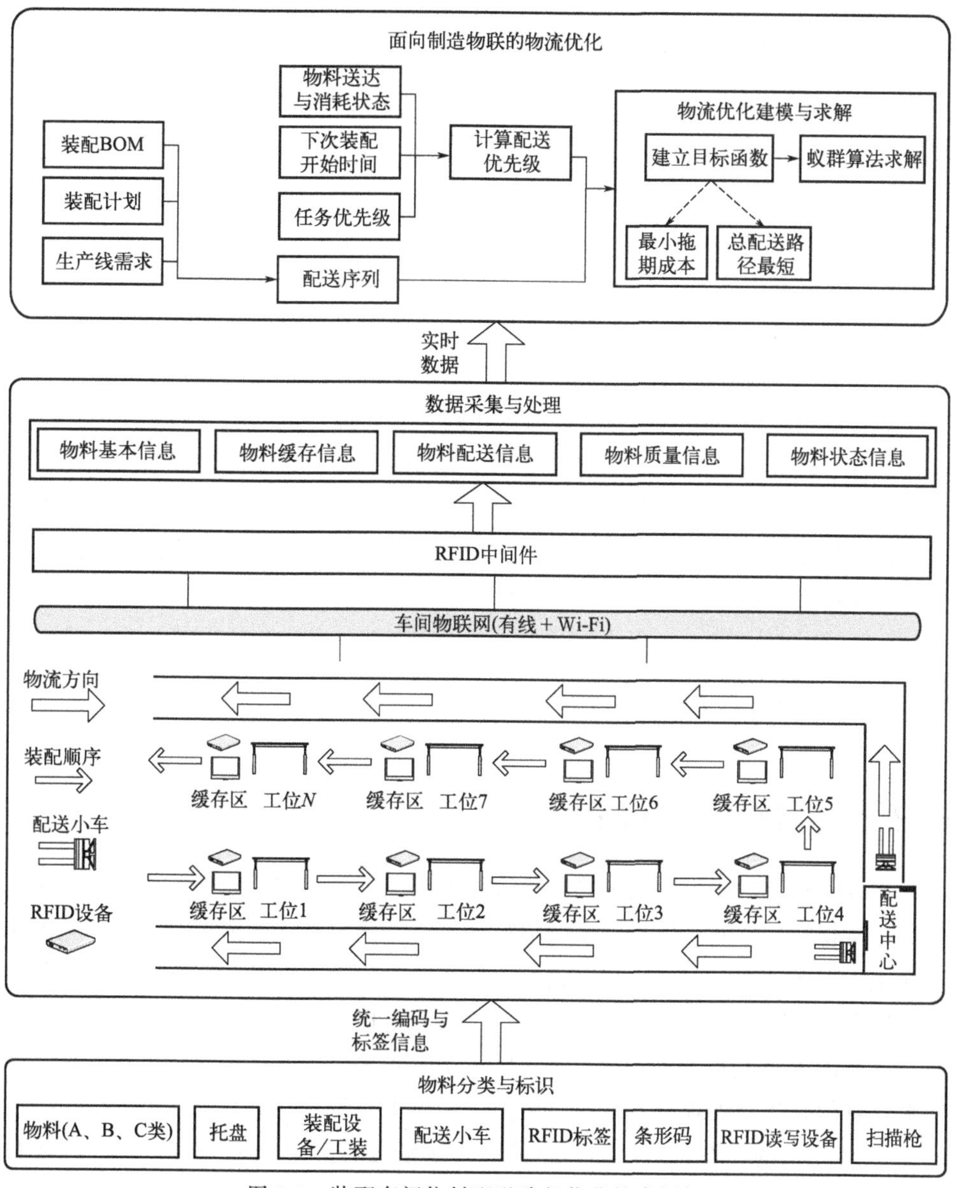

图 6-3　装配车间物料配送路径优化技术框架

类法进行分类与统一编码，并按照不同物料种类将编码与 RFID 标签进行绑定，使物料具有能够被识别的智能化特征。物料分类与标识方法如表 6-2 所示。

表 6-2 物料分类与标识方法

类别	A类	B类	C类
特点	体积大 存储单位为件 不具备互换性 单位成本高	体积较大 种类多 同一批次可互换 单位成本较高	体积小 数量多 互换性强 单位成本低
标识	唯一标识	按照批次标识	按照种类标识

其次，建立基于无线射频识别技术（RFID）的制造物联网，采用有线加无线的方法进行数据传输，在每个装配工位的缓存区出入口分别布置 RFID 读写器，用于获取进入/移出缓存区的原始实时数据，RFID 中间件负责对原始数据进行过滤、融合与处理，按照业务逻辑进行原始数据的语义转化与聚合，将其转化为物料实时状态信息，以解决因无法获取车间装配工位的实时信息而不能根据各工位物料配送任务实时紧急程度进行优先级规划，造成缺料等待、配送小车闲置等问题。

最后，建立面向制造物联的物料配送路径优化模型与求解算法，将 RFID 获取的物料移出缓存区时间距离下次装配开始的时间作为物料配送交货期，综合考虑交货期与任务优先级得到物料配送的紧急程度，交货期越短，任务优先级越高，物料配送紧急程度越高。以配送成本最小为目标建立数学模型和求解算法，将物料配送交货期、任务优先级、物料配送序列等作为输入进行求解。

6.3 数学建模

6.3.1 问题描述与假设

在装配车间，物料按照工艺顺序流经各装配工位以完成装配工作，配送中心负责存储物料并按照各工位需要的物料种类、型号、数量、需求时间等实施点对点配送，配送过程由配送小车完成。物料送达工位后，先进入缓存区，在进行装配时移出缓存区进入装配工位，为避免出现物料提早送达造成物料积压，要求物料必须在规定的时间段内到达。缓存区与工位布置有 RFID 识别装置，能够实现物料信息的采集与处理。本节对物料配送做如下假设。

① 各工位的物料需求已知，且都能够被满足，并且物料齐套，不存在质量问题；

② 各工位时间窗已知；

③ 配送过程不会被打断；

④ 每个工位所需物料由配送小车一次配送即可完成，且只能配送一次；

⑤ 配送小车从配送中心出发，完成配送任务后返回；

⑥ 物料配送量不能超过配送小车的容量限制；

⑦ 配送中心与各工位、各工位之间的距离已知。

6.3.2 数学模型

受工位缓存区容量限制，物料必须在指定的时间段内送达，过早送达时缓存区中没有空间存放物料，造成配送小车等待成本增加，晚于规定时间送达则会因工位缺料造成装配中断，影响整体装配进度。为减少物料在规定时间窗之外到达工位增加的额外成本，建立惩罚函数来约束物料的到达时间，设 $[a_i, b_i]$ 为工位 i 的时间窗，当物料在 $[a_i, b_i]$ 内到达时惩罚为 0，当早于或晚于时间窗送达时，将受到惩罚，惩罚系数为 u_1、u_2。高优先级产品对于企业而言往往具有重要的经济或市场（客户重要程度高、赢得市场、拖期经济惩罚高等）价值，这部分产品延迟交付将会给企业带来较大的负面影响，为避免因配送优先级规划不合理，造成高优先级任务所需物料不能按时送达，进而影响产品交付的情况，在配送拖期惩罚因子中加入任务优先级变量 λ_i，建立改进后的惩罚函数。

$$U(t_i)=\begin{cases} u_1(a_i-t), & t<a_i \\ 0, & a_i\leqslant t\leqslant b_i \\ \lambda_i u_2(t-b_i), & t>b_i \end{cases} \tag{6-1}$$

式中，任务优先级 λ_i 表示该任务的重要程度，一般可通过与 MES 系统集成获得。

基于上述关于装配车间物料配送问题的描述，将其抽象为带时间窗约束的车辆路径优化问题（vehicle routing problems with time windows，VRPTW）建立数学模型。为便于形式化描述，定义以下符号：O 为配送中心，编号为 0，M 为配送小车数量，Q 为小车最大容量（常数），N 为装配线工位数，d_{oi} 为工位 i 到配送中心 O 的距离，d_{ij} 为工位 i 到工位 j 的距离，$[a_i, b_i]$ 为工位 i 的时间窗，$U_i(t_i)$ 为超出工位 i 时间窗的惩罚函数，t_{pi} 为 RFID 获取的物料移出缓存区时间，t_{nexti} 为工位 i 下次装配的开始时间。

本节将总物流路径长度和超出时间窗产生的惩罚成本之和作为配送成本，以配送成本最小为目标建立以下数学模型。

$$\min f=\sum_{i=0}^{N}\sum_{j=0}^{N}\sum_{m=1}^{M}d_{ij}x_{ij}^{m}+\sum_{i=1}^{N}\sum_{m=1}^{M}y_{i}^{m}U_i(t_i) \tag{6-2}$$

$$\sum_{j=1}^{n} x_{ij}^{m} = \sum_{j=1}^{n} x_{ji}^{m}, i=0 \tag{6-3}$$

$$\sum_{i=1}^{N} y_{i}^{m} rq_{i} \leqslant Q \tag{6-4}$$

$$\sum_{i=1}^{N} x_{ij}^{m} = y_{j}^{m} \tag{6-5}$$

$$\sum_{j=1}^{N} x_{ij}^{m} = y_{i}^{m} \tag{6-6}$$

其中，式(6-2) 为以配送总成本最小为目标的路径规划函数，$x_{ij}^{m}=1$ 代表小车 m 由工位 i 配送到工位 j，且 $i \neq j$，否则 $x_{ij}^{m}=0$，$y_{i}^{m}=1$ 代表工位 i 由车辆 m 配送，否则 $y_{i}^{m}=0$；式(6-3) 代表小车从配送中心出发，回到配送中心；式(6-4) 代表小车不能超过最大载重限制，rq_{i} 代表工位 i 的物料需求量；式(6-5)、式(6-6) 表示每个工位由一辆小车配送，并且只配送一次。

6.4 改进蚁群算法求解

蚁群算法是一种模拟大自然蚂蚁群体觅食行为的人工智能优化算法，具有良好的鲁棒性和正反馈性，能够较快收敛于最优解，在求解物流优化问题中得到了良好的效果。本节在标准蚁群算法基础上对路径转移规则和信息素更新方式进行了改进，在路径转移规则中加入了配送紧急度和事件窗要求，在进行信息素更新时加入了已完成迭代的路径经验并对最大最小信息素浓度进行了限制，改进后的蚁群算法能够使物料配送在配送成本最小的同时更好地匹配现场装配进度要求。

(1) 路径构造

本节的路径构造方式为每支蚂蚁从配送中心出发，根据状态转移规则和随机选择相结合的方法来选择下一个进行配送的工位，并更新禁忌表用于后续路径构造过程。

状态转移概率 $P_{ij}^{m}(t)$ 表示在 t 时刻蚂蚁 m 选择从工位 i 到工位 j 的概率。为了使蚂蚁行进路径更加符合车间物流配送实际情况，在建立状态转移概率公式时除了包含传统蚁群算法的信息素浓度和启发因子影响因子之外，还加入了配送紧急度和时间窗的影响因素，转移规则公式如下：

$$P_{ij}^{m}(t) = \frac{[\tau_{ij}(t)]^{\alpha} \times [\eta_{ij}(t)]^{\beta} \times (1/pr_{j})^{\gamma} \times (1/wait_{j})^{\theta}}{\sum\limits_{k \in allowed} \{[\tau_{ik}(t)]^{\alpha} \times [\eta_{ik}(t)]^{\beta} \times (1/pr_{k})^{\gamma} \times (1/wait_{k})^{\theta}\}} \tag{6-7}$$

$$j = \begin{cases} \operatorname{argmax}_{j \in allowed} P_{ij}^{m}(t), & r \leqslant r_{0} \\ \text{用轮盘赌策略随机选择}, & r > r_{0} \end{cases} \tag{6-8}$$

$$\theta=\begin{cases}u_1, & t<a_j\\ \lambda_j u_2, & t>b_j\end{cases} \tag{6-9}$$

$$wait_j=\begin{cases}a_j-t, & t<a_j\\ t-b_j, & t>b_j\end{cases} \tag{6-10}$$

其中，$\tau_{ij}(t)$ 为 t 时刻的信息素浓度；$\eta_{ij}(t)$ 为启发因子，$\eta_{ij}(t)=rq_j/d_{ij}$，rq_j 为工位 j 的物料需求量，d_{ij} 为工位 i 到工位 j 的距离；pr_j 为工位 j 的物料配送紧急度，$pr_j=t_{nextj}-t_{pj}$，t_{nextj} 为工位 j 下次装配开始时间，t_{pj} 为 RFID 获取的物料移出缓存区时间，pr_j 越小，工位 j 的物料配送紧急度越高；$wait_j$ 为小车在工位 j 的等待时间或工位缺料等待时间，计算方法见式(6-10)，当小车在时间窗内达到时，$wait_j=0$，此时在算法中取一个极小值；$allowed$ 为未配送的工位集合；α、β、γ、θ 为各影响因子的权重值，针对式(6-1) 中小车提前到达和延迟到达的惩罚函数，θ 的计算方法见式(6-9)；r_0、r 为轮盘赌路径选择策略的随机概率控制因子，r 取 $[0,1]$ 之间的随机数，r_0 为 $[0,1]$ 的常数。

(2) 信息素更新

当完成一次可行解构造后，算法对全局信息素进行更新，对精英蚂蚁进行信息素累加，为避免因正向反馈而陷入局部最优，引入最大最小信息素策略，将信息素浓度限制在 $[\tau_{\min}(t),\tau_{\max}(t)]$ 以内，并利用已迭代获得的最优路径动态更新浓度限值范围，信息素更新规则如下：

$$\tau_{ij}(t+1)=(1-\rho)\times\tau_{ij}(t)+g_{ij}\Delta\tau_{ij} \tag{6-11}$$

g_{ij} 为自迭代开始以后获得的最优解中小车 m 由工位 i 配送到工位 j 的次数，通过获取已完成迭代的路径经验来指导节点选择，提高算法的运行效率。为避免算法因个别较好路径上的信息素明显高于其他路径造成算法搜索的停滞，采用最大最小信息素策略将信息素浓度限制在 $[\tau_{\min}(t),\tau_{\max}(t)]$ 以内，当 $\tau_{ij}(t)>\tau_{\max}(t)$时，令 $\tau_{ij}(t)=\tau_{\max}(t)$，当 $\tau_{ij}(t)<\tau_{\min}(t)$时，令 $\tau_{ij}(t)=\tau_{\min}(t)$。

$$\Delta\tau_{ij}=\sum_{m=1}^{M}\Delta\tau_{ij}^{m} \tag{6-12}$$

$$\Delta\tau_{ij}^{m}=\begin{cases}\dfrac{G}{L_m}, & \text{第 } m \text{ 只蚂蚁走过 } ij\\ 0, & \text{其他}\end{cases} \tag{6-13}$$

$$\tau_{\max}(t)=\frac{W}{(1-\rho)\times\Delta\tau_{\text{best}}\times N} \tag{6-14}$$

$$\tau_{\min}(t)=\frac{\tau_{\max}(t)}{S} \tag{6-15}$$

$\Delta\tau_{\text{best}}$ 为已完成迭代的最优路径信息素增量的平均值，G 为蚁周系统常数，W 为策略更新参数，S 为常数。

(3) 求解步骤(图 6-4)

步骤 1:设置算法参数。设置算法最大迭代次数 $C_{\max}$、蚂蚁数 M、小车最大容量 Q、工位数 N、初始信息素浓度 τ_{ij}、信息素挥发率 ρ、最大最小信息素策略更新参数 W、蚁周系统参数 G、状态转移权重参数 α、β、γ 等参数值;

步骤 2:建立包含所有工位的初始候选表。

步骤 3:初始化蚁群,令蚂蚁从配送中心随机向各工位出发。

步骤 4:根据式(6-7)、式(6-8) 中的状态转移规则选择下一节点,并更新候选表。

步骤 5:重复步骤 4 直至候选表为空。

步骤 6:保存当前解,根据式(6-11) 更新全局信息素,并按照式(6-14)、式(6-15) 更新最大最小信息素。

步骤 7:令 $C=C+1$,若 $C<C_{\max}$ 则跳转到步骤 2,否则结束迭代,输出最优解。

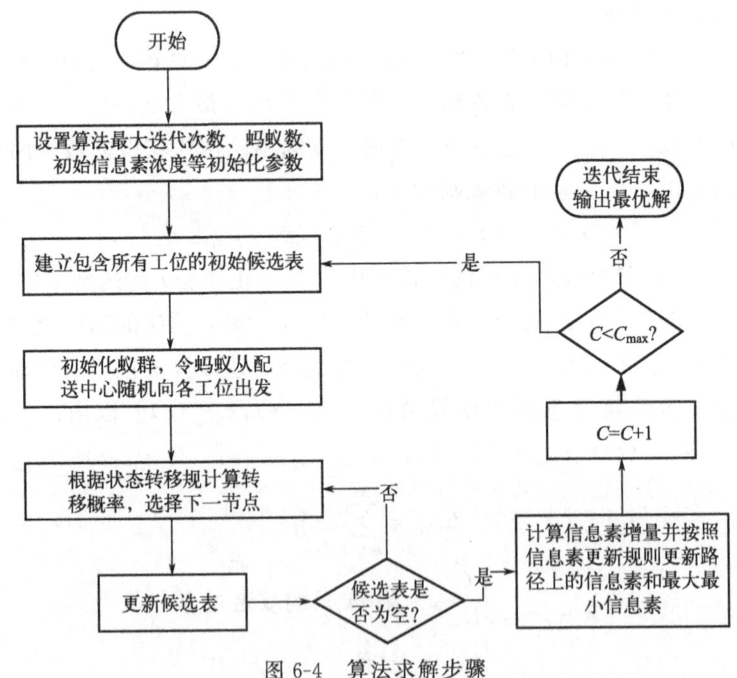

图 6-4 算法求解步骤

6.5 应用案例

面向制造物联的物流配送优化原型系统框架如图 6-5 所示。

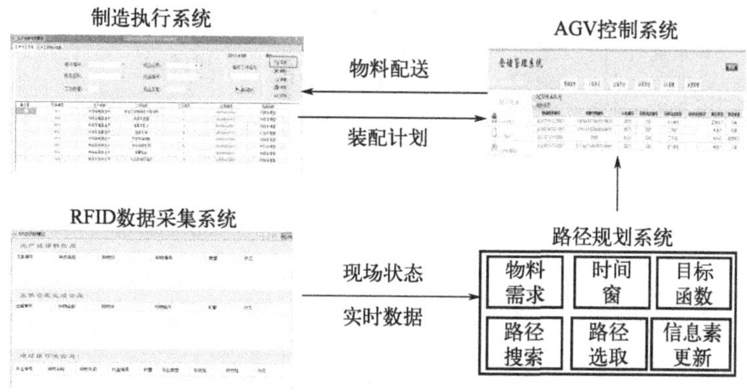

图 6-5　原型系统框架

原型系统中主要包括装配流水线、自动化立体仓库、AGV、出入库接驳台等硬件系统，以及制造执行系统、RFID 数据采集系统、路径规划系统、AGV 控制系统等软件系统。其中，制造执行系统（manufacturing excution system，MES）负责对装配计划进行管理，按照产品订单与工艺路线生成装配计划并下发到各装配工位，RFID 数据采集系统负责利用装配线、自动化立体库、AGV 上布置的 RFID 读写器获取装配线的实时进度与 AGV 的物料配送进度，路径规划系统通过与 MES 和 RFID 数据采集系统集成获得装配线的物料需求、时间窗要求和实时装配过程数据，将以上数据作为输入进行物流优化求解，生成 AGV 配送序列输出到 AGV 控制系统中，指导 AGV 进行物流配送。

通过以上一体化物流运行环境，能够实现“装配计划→现场执行→物料配送”之间的数据共享与交互，便于根据现场实时装配进度对物流配送进行规划，能够提高物流配送的实时性和准确性。

本节采用某装备制造企业装配车间的工序数据，分别利用基本蚁群算法和本节的改进蚁群算法进行对比来测试算法的求解性能（求解过程对比见图 6-6），该车间共有 20 个工位，各工位的装配时间与时间窗如表 6-3 所示，工位坐标通过随机函数生成，经过大量组合测试，将算法参数 α、β、γ、ρ、u_1、u_2 设置为：(3,4,1.5,0.2,1.1,1.2)，轮盘赌概率 $r_0=0.6$，蚁周系统常数 $G=500$，策略更新参数 $W=200$，$S=150$，蚂蚁数量 $M=20$，AGV 载货量设置为 80kg，最大迭代次数 $C_{\max}=50$。

表 6-3　工位装配时间与时间窗

工位	需求量/kg	移出时间	下次装配开始时间	时间窗	优先级
1	12	9：00	9：20	9：10～9：15	4

续表

工位	需求量/kg	移出时间	下次装配开始时间	时间窗	优先级
2	4	10：21	10：35	10：23～10：30	2
3	2	9：15	9：40	9：25～9：35	3
4	11	9：08	9：30	9：20～9：25	3
5	6	9：37	9：50	9：40～9：45	3
6	17	10：05	10：28	10：15～10：23	3
7	3	9：50	10：10	9：55～10：05	3
8	2	10：35	11：08	10：50～11：00	3
9	1	9：25	9：45	9：35～9：40	3
10	16	9：45	10：20	9：55～10：15	3
11	4	10：50	11：10	10：58～11：05	3
12	5	9：48	10：15	10：00～10：10	5
13	7	9：49	10：05	9：55～10：00	3
14	13	10：19	10：35	10：25～10：30	3
15	21	11：19	11：47	11：35～11：42	4
16	8	10：41	11：00	10：50～10：55	3
17	21	11：14	11：40	11：30～11：35	3
18	14	9：56	10：25	10：15～10：20	3
19	2	10：39	11：00	10：50～10：55	4
20	23	11：12	12：00	11：40～11：50	3

经过30次迭代测试，基本蚁群算法在设定的最大迭代次数限制下基本无法收敛到全局最优解，并且容易陷入局部最优，本节的改进蚁群算法基本都能够收敛到最优解（图6-7），算例结果表明本节的改进蚁群算法具有更好的全局搜索能力。

本节针对传统物流规划与优化中因缺乏现场实时数据支持，导致物料配送与现场执行进度脱节而造成的生产线缺料停滞和运送小车等待等问题，以装配车间为对象，提出了面向制造物联的物料配送路径优化技术框架，利用制造物联技术实现装配过程状态实时感知，建立以配送总成本最小为目标的带软时间窗要求的物流路径优化数学模型，并建立蚁群算法将现场实时数据作为输入进行求解，获得满足现场装配进度的物料配送方案，保障物料配送与现场执行两者的一致性，可有效提升物流配送效率和服务水平。

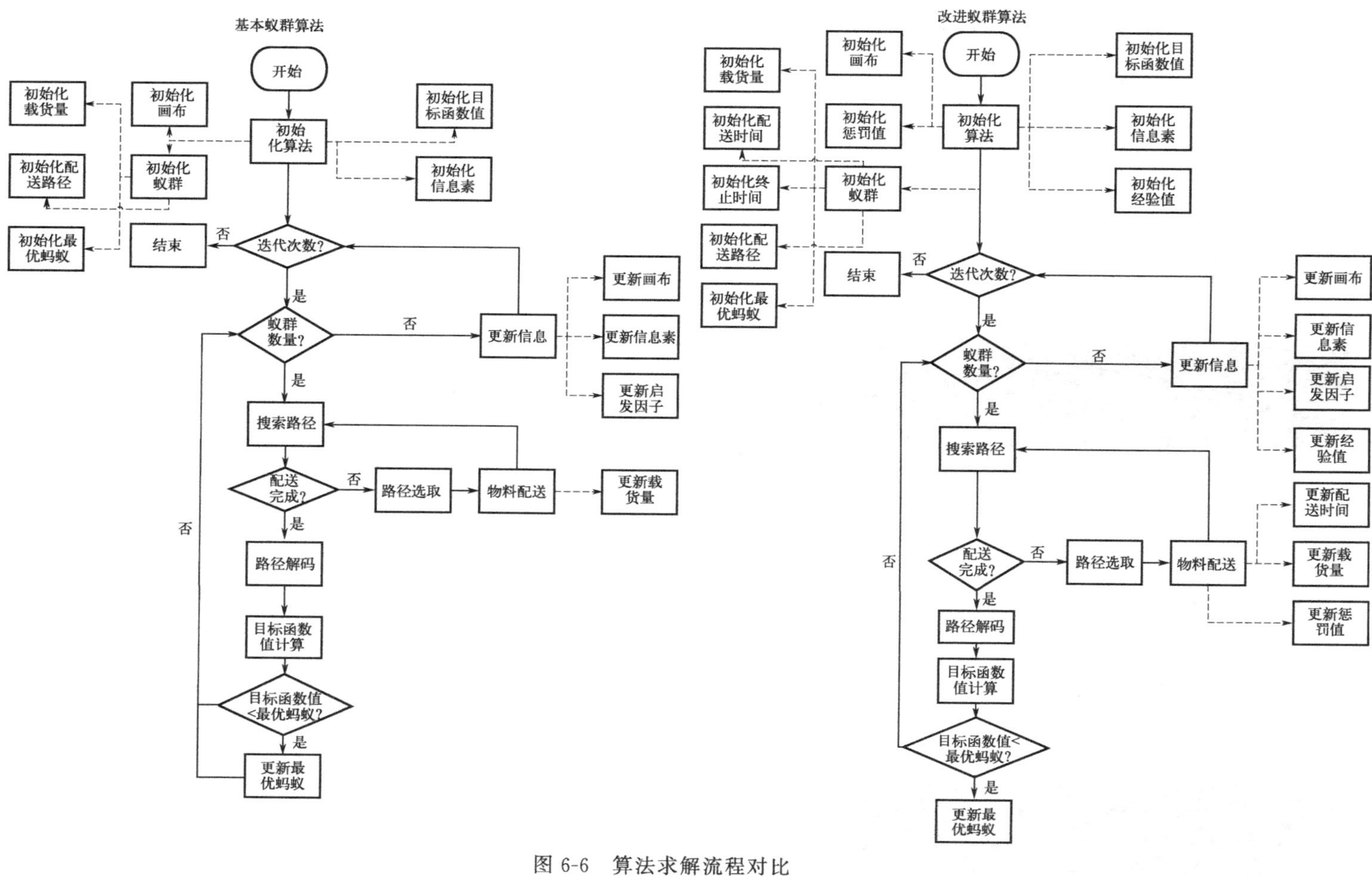

图 6-6　算法求解流程对比

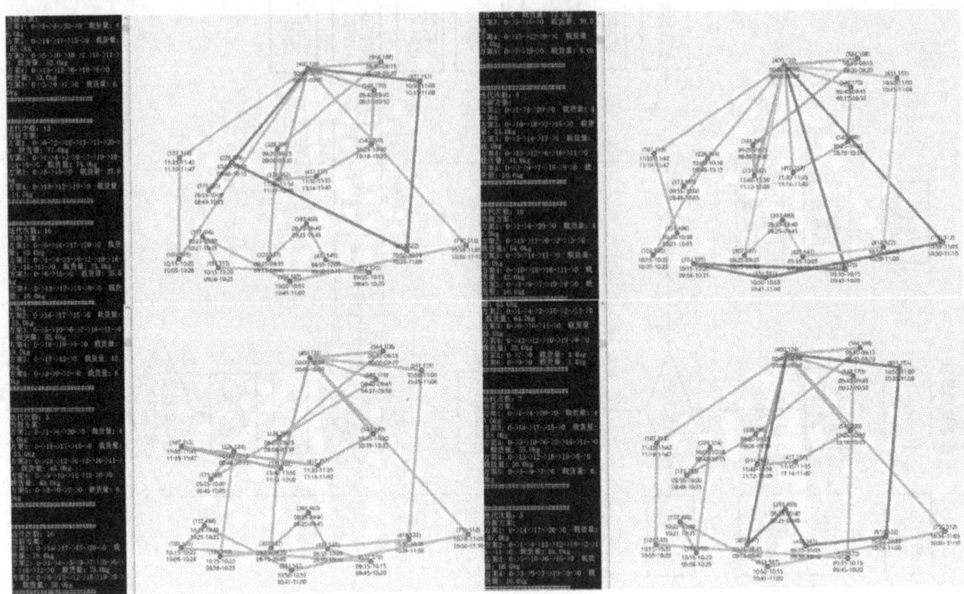

图 6-7　改进蚁群算法求解结果

第7章

Plant Simulation仿真基础

7.1 Plant Simulation 仿真软件简介

Plant Simulation 仿真软件是西门子数字化软件 Tecnomatix 中的一员。该软件在生产物流系统设计、车间布局优化设计、车间调度优化以及仓储优化等方面都能使用，可用性非常强。Pant Simulation 是离散事件仿真工具，可以对整个制造过程进行动态仿真。它允许进行制造设施的随机试验，对于制造设施的统计建模非常重要，例如产能、机器能力限制、排队限制等。其主要特点有：①可视化工作环境；②面向对象的建模过程；③模块化的建模单元；④支持多种语言；⑤可进行 3D 仿真，模拟车间情况。

Plant Simulation 仿真软件在易用性、灵活独立性和开放性之间取得了很好的平衡。在易用性方面，Plant Simulation 软件提供了丰富的工具箱和类库，包括物料流、流体、资源、信息流、移动接口等，用户在建立仿真模型时只需要进行拖拽和连接，降低了建模的难度，便于用户进行操作；并且可以运用 Simtalk 语言编写自定义程序用于控制模型的运行，以满足用户的个性化建模要求。基于以上优点，Plant Simulation 在生产、物流、工程等行业得到了广泛应用。

7.2 离散事件仿真

仿真是模拟模型的动态过程，得到一些结果，这个结果可能会反映真实系统的情况。或者是“仿真是通过实验的方式评估一个动态系统，目的是得到一些可以反映现实情况的结果。”

离散事件系统的状态仅在离散的时间点上发生变化，其状态变化一般是由事件引起的，这些事件在一个时间点上瞬间完成，没有持续性，并且事件发生的时间点是不确定的，对离散事件系统的仿真即离散事件仿真。

离散事件仿真追踪发生变化时模块状态的变化。不同于连续事件仿真的时钟是连续变化的，离散事件仿真的时钟是从一个事件跳到下一个预定的事件。基于离散事件的仿真，仅仅显示系统在某个时间点状态的变化，不是连续时间的变化。当特定的事件发生时，系统某些特定模块的状态发生改变，从而控制仿真进程。

离散事件仿真包含的基本要素有：

① 实体：系统内的对象，是构成系统模型的基本要素，按照实体在系统中存在的时间可分为临时实体和永久实体。在系统中只存在一段时间的实体称为临时实体，永久性地驻留在系统中的实体成为永久实体。例如在机床系统中，工件按照一定的规律到达机床上进行加工，加工完成后离开机床系统，工件是临时实体，机床是永久实体。在离散事件仿真系统中，临时实体按照一定的规律不断到达，在永久实体的作用下通过系统，最后离开系统，整个系统呈现出一种动态的过程。

② 属性：实体的状态和特性。

③ 状态：任意时刻系统中所有实体的属性集合。

④ 事件：引起系统状态变化的行为和起因，是系统状态变化的驱动力。

⑤ 活动：指两个事件之间的持续过程，它标志着系统状态的转移。

⑥ 进程：与某类实体相关的若干有序事件及活动组成，它描述了相关事件及活动之间的逻辑和时序关系。

⑦ 仿真时钟：用于显示仿真时间的变化，是仿真模型运行时序的控制机构，要注意的是仿真时钟是指所模拟的实际系统运行所需的时间，而不是指计算机执行仿真程序所需的时间。仿真时钟可以按固定的长度向前推进，也可以按变化的节拍向前推进，将仿真时钟变化的机制称为仿真时钟的推进机制，常用的仿真时钟的推进机制有固定步长时间推进机制、下次事件时间推进机制和混合时间推进机制。

⑧ 规则：用于描述实体之间的逻辑关系和系统运行策略的逻辑语句和约定。常用的规则有先进先出、后进先出、加工或服务时间最短、按优先级和随机选择。

离散事件仿真的流程如图 7-1 所示。

主要步骤如下：

步骤 1：对仿真的问题进行抽象，明确需要通过仿真解决的问题，分析问题中涉及的实体及其属性。

步骤 2：确定仿真的目标函数。

步骤 3：对实体的运行规律进行抽象，确定事件发生的先后顺序和触发关系，建立仿真模型。

步骤 4：抽象事件运行的控制逻辑，编制仿真控制程序。

步骤 5：启动仿真进行运行。

步骤 6：统计、分析并输出仿真结果，为系统的优化和改进提供依据。

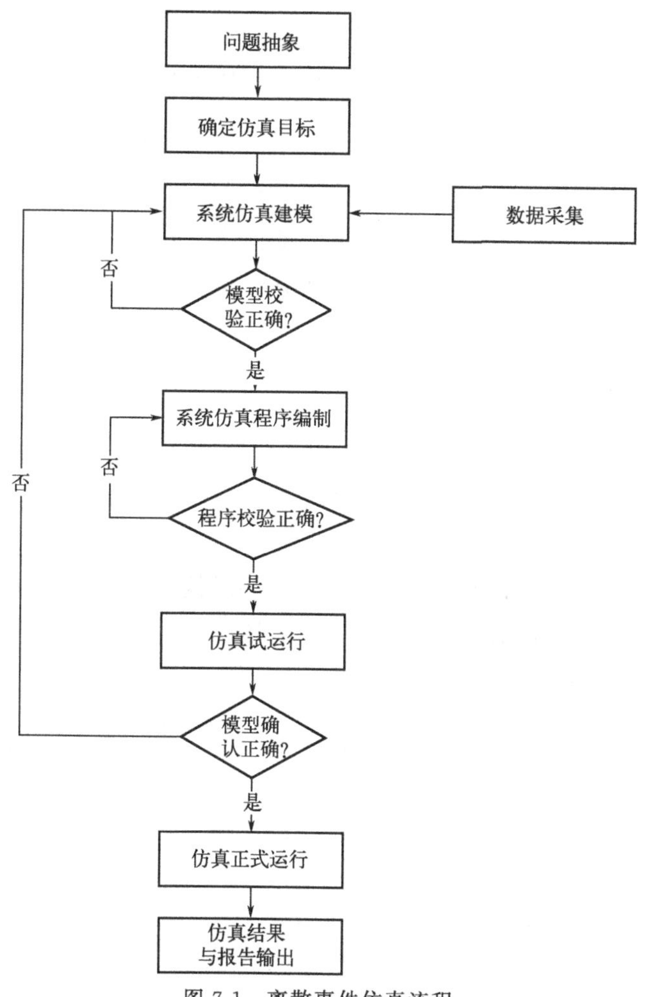

图 7-1　离散事件仿真流程

7.3　Plant Simulation 的基本对象

7.3.1　事件控制器

事件控制器用于控制仿真的进程，包括仿真的开始、暂停、重置、快速仿真、单步仿真、实时仿真等，当勾选显示汇总报告时，会在仿真结束后输出显示仿真汇总报告记录。如图 7-2 所示。

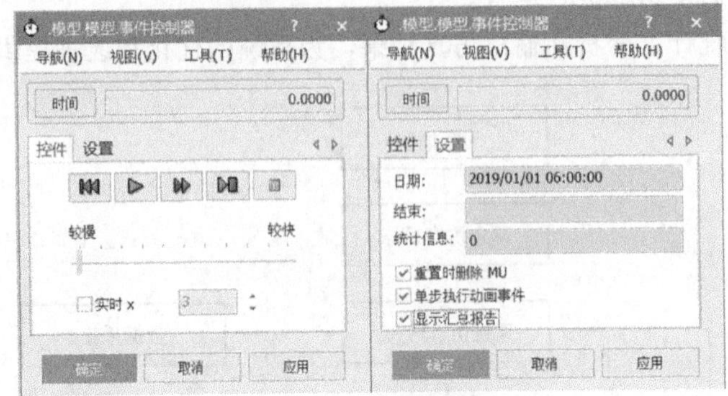

图 7-2　事件控制器

7.3.2　移动对象

MU(moving unit) 代表可移动单元，可以用于生产、加工和运输，用于模拟制造系统中的物流对象。MUs（移动对象）则有三种类型：零件，容器，小车。

零件作为三个 MU 对象之一，在早版本的时候也叫实体（entity)，没有容量，是最基本的 MU 对象。零件本身是没有速度的，在属性中可以先修改其尺寸、图标、颜色等属性。如图 7-3 所示。

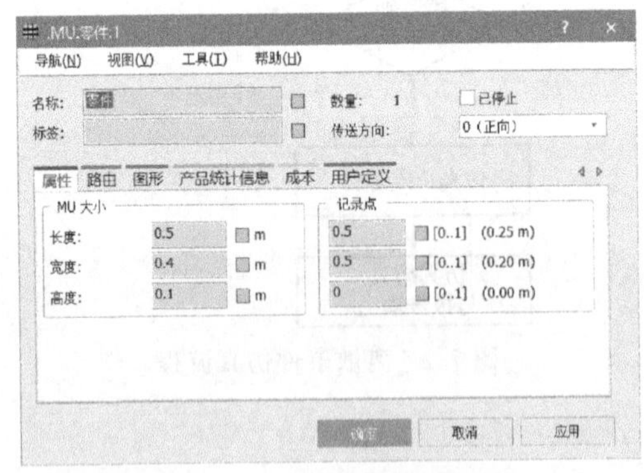

图 7-3　零件 MU 属性

容器用于运输其他 MU（小容器，零件)，可以用来模拟制造系统中的托盘、车身等。在定义容器的容量时，该容量仅指 MU 的数量，而不是它们的实际物理尺寸。如图 7-4 所示。

小车是可移动单元，其自身具有速度，只可以在轨道/双通道轨道上自行移动，小车可以装载运输实体（零件）以及容器。

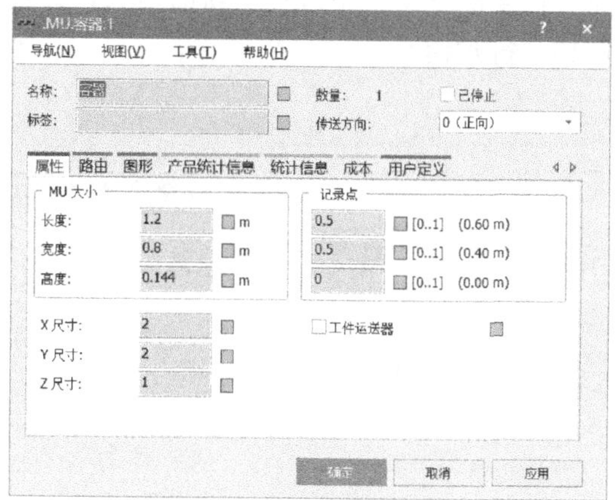

图 7-4　容器 MU 属性

小车拥有速度，当勾选反向时，它沿着轨道相反的方向行驶；勾选加速度时，将激活小车的加速度和减速度；勾选为车头时，该小车将作为其后小车的车头。勾选电池按钮小车没电时将需要进行充电才能再次出发。如图 7-5 所示。

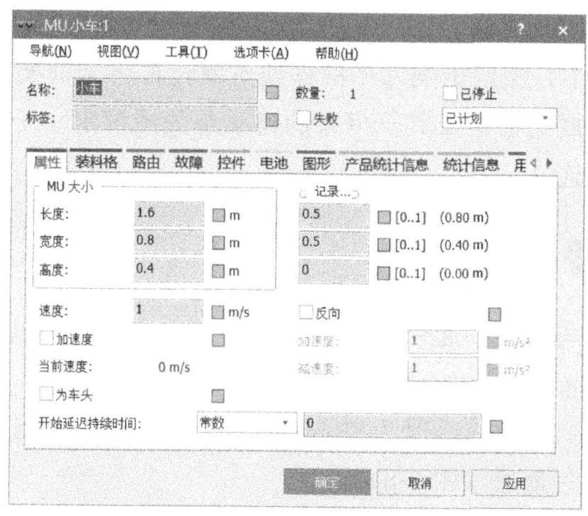

图 7-5　小车 MU 属性

7.3.3 框架

框架用于对仿真模型中的对象进行分组，构建模型的层次结构，框架位于类库中模型文件夹下（图 7-6）。

在仿真模型中，框架可以代表整个工厂制造系统，也可以代表制造系统的一部分，在建模时，可以建立一个框架代表工厂，再建立一个框架代表工厂的子部分（例如一个车间、一条生产线），将其插入到工厂框架中作为子框架。在进行框架建模时，可在原有框架的基础上拖入一个新的框架，其将作为原有框架的子框架，然后双击子框架进行建模。

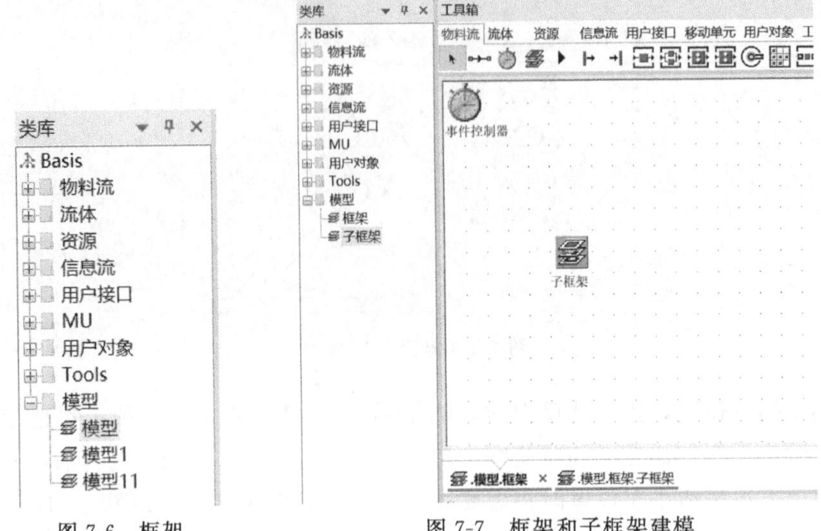

图 7-6 框架　　图 7-7 框架和子框架建模

例如在图 7-7 中，先双击类库中的框架对象，再将子框架对象拖到打开的框架对象中，即可完成父框架及其子框架的建模与关系绑定。子框架通过界面接口工具与外部界面相连。

7.3.4 界面接口

界面接口需要与框架一起使用，接口可以是入口，也可以是出口，在框架模型中可以将接口放置在框架的任何位置。

当接口未与任何对象连接时为空心蓝色三角形，连接后变红，与外部框架连接后变为蓝色实心三角形（图 7-8）。

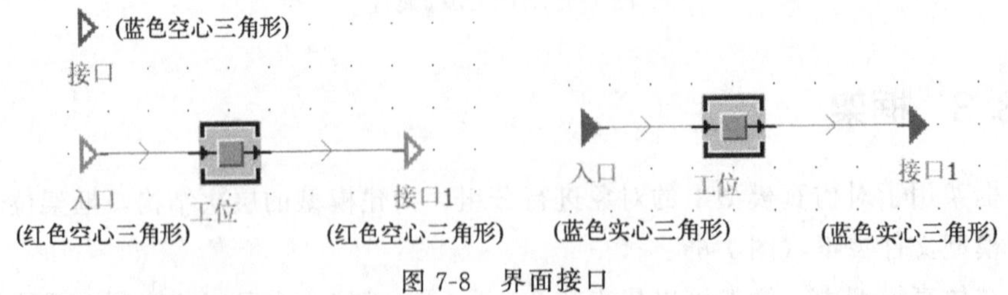

图 7-8 界面接口

如果子框架中有多个界面接口，则主框架连接的时候会有提示，选择需要连接的接口，如图 7-9 所示。

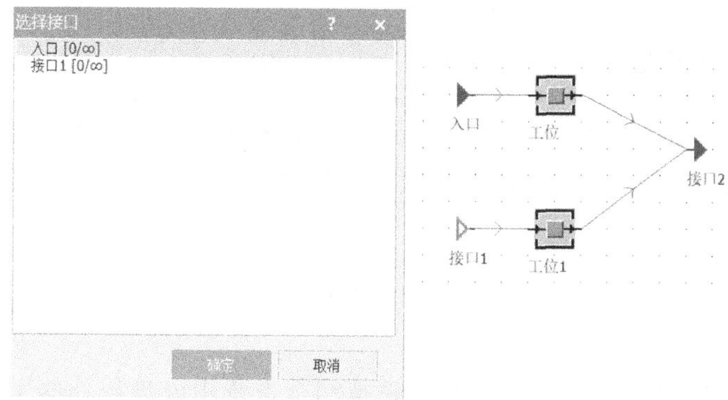

图 7-9　子框架多个接口的选择

7.3.5　物料源

物料源用于产生 MU，可以根据不同的序列生成不同类型的 MU。如图 7-10 所示。

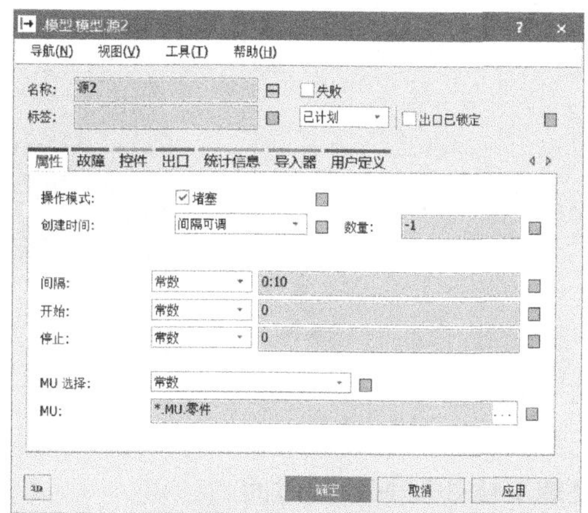

图 7-10　物料源

物料源包括以下主要参数。

① 创建时间：产生 MU 的时间规则，包括间隔可调、数量可调、交付表、触发器。

② 间隔：产生两个 MU 间隔的时间。

③ 数量：产生 MU 的数量，−1 为无穷大。

④ 开始：产生第一个 MU 的时间。

⑤ 停止：结束产生 MU 的时间。

⑥ MU 选择：生成 MU 的规则，包括常数、循环序列、序列、随机、百分比。

7.3.6 物料终结

物料终结表示完成对 MU 的处理，MU 离开模型，用于模拟制造系统中的零件和工件在加工完成后被移走的操作。物料终结会在 MU 完成处理后销毁 MU，并收集 MU 的统计资料。

7.3.7 单处理

单处理是处理 MU 的对象，用于模拟制造系统中处理零件的工位，单处理的容量是 1，负责接收物料并转移到后继处理单元。单处理的主要参数设置如图 7-11 所示，单处理故障设置如图 7-12 所示。

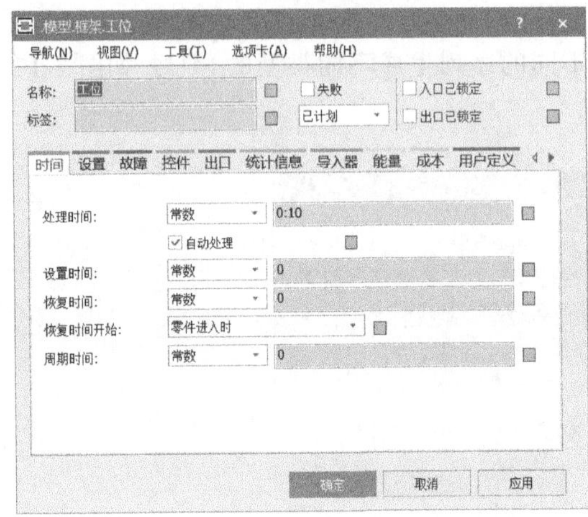

图 7-11 单处理

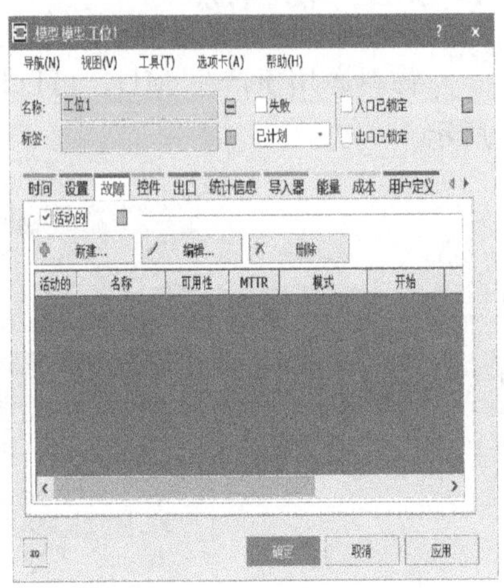

图 7-12 单处理故障设置

处理时间：单处理工位处理 MU 的时间。

设置时间：处理不同类型 MU 所需的时间。

恢复时间：单处理工位在处理完一个 MU 后，回复到初始定义状态所需的时间。

恢复时间开始：选择恢复时间开始的时间节点。

周期时间：物流对象入口周期性打开和关闭的时间。

在制造系统中，设备会出现故障影响对于产品的加工制造过程，单处理的故障属性用于模拟这种情况，为单处理对象设置一定的概率出现故障。

单处理控件：用于对单处理对象创建控制策略或选择一个 method 对象（即方法）进行控制。如图 7-13 所示。

入口的操作前选项表示在 MU 进入该工位对象前激活该 method 执行对应的指令。

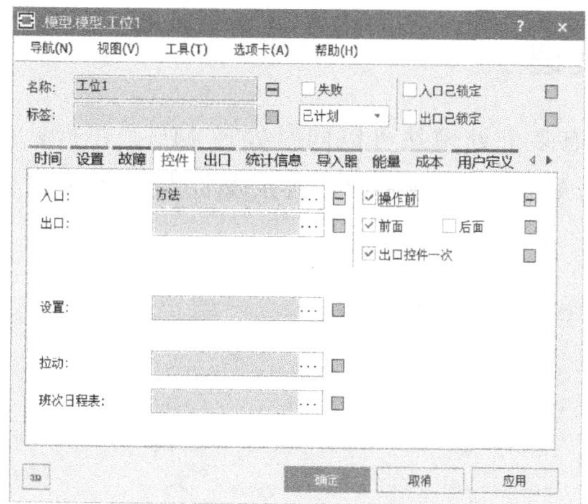

图 7-13　单处理控件

出口的前面选项为 MU 出去之前激活该 method，后面选项为出去之后激活该 method，MU 出去一次只执行一次 method。

在设置选项处可以选择一个 method 对象，每当设置过程开始或结束时，控制将被调用。

拉动选项处可以选择一个 method 对象，当单处理对象准备就绪可以接收新的 MU，并且 MU 在其入口处等待时，将激活 method 对象。

班次日历表用于模拟制造系统的工作日历，单处理对象按照班次日历表的时间进行作息。

出口：在出口标签页中选择出口策略，单处理对象将按照选择的策略将 MU 移动到后续处理单元。当勾选堵塞时，即使后续处理单元出现故障，依旧强制执行选择的策略，将 MU 移动到后续单元。如图 7-14 所示。

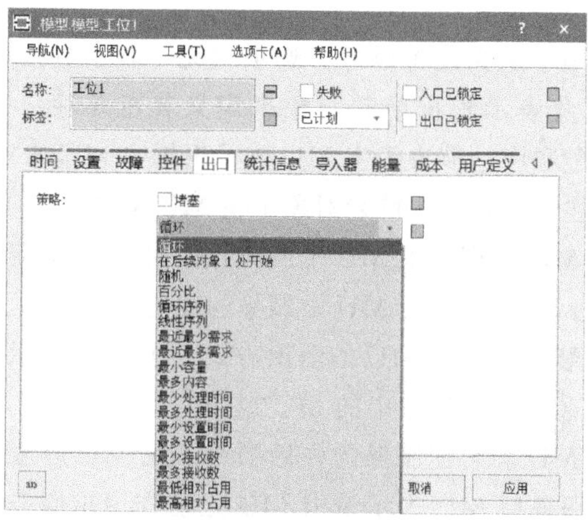

图 7-14　单处理出口

7.3.8 并行处理

并行处理工位有多个处理站可以同时处理 MU。并行处理对象的 X 尺寸乘以 Y 尺寸即为并行处理工位的容量，其余属性与单处理工位相同。如图 7-15 所示。

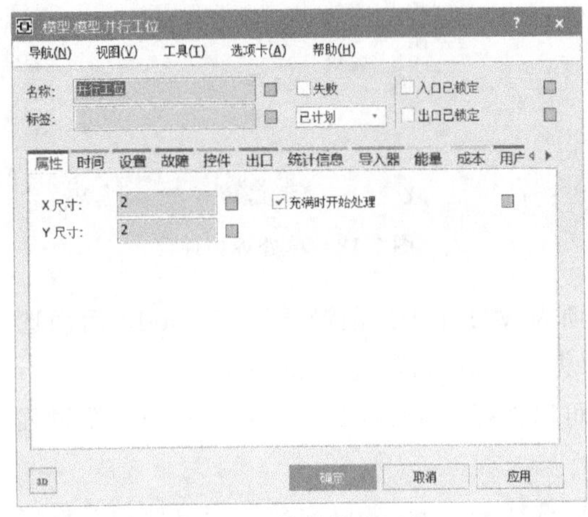

图 7-15 并行处理工位

7.3.9 装配站

装配站用于模拟制造系统中的装配工位，装配站对象可将若干 MU 添加到一个主要部件上，并且可以按照需要分配装配工作站服务的顺序。装配站的主要属性包括：装配表、前趋对象中的 MU、装配模式、正在退出的 MU、序列等。如图 7-16 所示。

其中，装配表用于定义装配顺序。选项“无”表示直接将一个 MU 装配到主 MU 中；前趋对象表示根据前趋对象来定义装配顺序；MU 类型表示根据 MU 类型来定义装配顺序；取决于主 MU 表示根据主 MU 来定义装配顺序。

前趋对象中的主 MU：写入前趋对象中主 MU 的序列。

装配模式表示 MU 装配到主 MU 上的方式。附加 MU 表示将 MU 附加到主 MU，删除 MU 表示将 MU 从主 MU 中删除的装配模式。

退出 MU 表示装配完成后 MU 的退出方式。主 MU 表示装配完成后主 MU 退出，新 MU 表示装配完成后选中的 MU 退出。

序列表示请求 MU 和装配服务的先后顺序。先 MU 后服务表示请求服务之前先请求 MU，先服务后 MU 表示请求 MU 之前先请求服务，MU 和服务表示同时请求 MU 和服务。

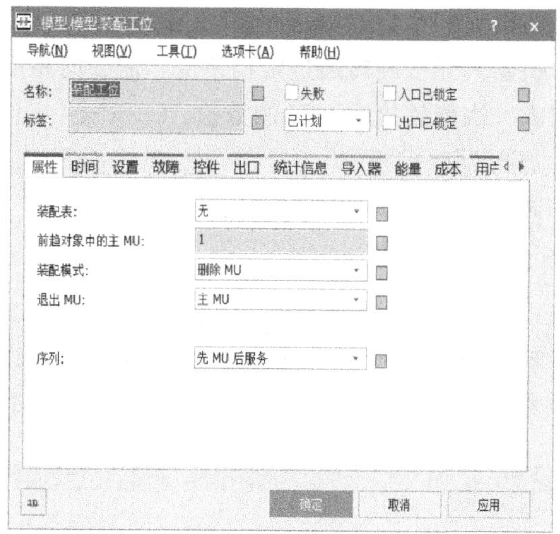

图 7-16　装配站

7.3.10　机器人

机器人对象用于模拟制造系统中的搬运机器人设备，机器人对象可以从某个站点对象上拾取零件，并旋转一定角度后将其放置在另一个站点对象，机器人一次可以提取一个或多个对象，如图 7-17 所示。

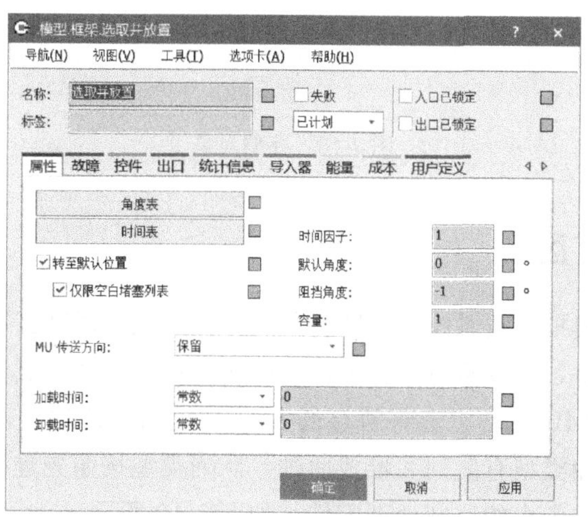

图 7-17　机器人对象

机器人的主要属性包括：

① 角度表：机器人与其他对象相连时双方相对位置的角度。

② 时间表：机器人旋转到每个相连对象位置的时间。

③ 转至默认位置：控制机器人在每次卸载完 MU 后回到默认角度。

④ 默认角度：机器人初始位置的角度。

⑤ 阻挡角度：机器人无法旋转通过阻挡角度，需要向相反的方向旋转通过。

⑥ 容量：机器人一次能够拾取 MU 的数量。

⑦ 加载时间：加载 MU 需要的时间。

⑧ 卸载时间：卸载 MU 需要的时间。

7.3.11 存储

用于模拟制造系统中的物料存储区域，存储对象中可以存储任意数量的 MU，X、Y、Z 为该存储的容量尺寸，三个值的积即为其容量。如图 7-18 所示。

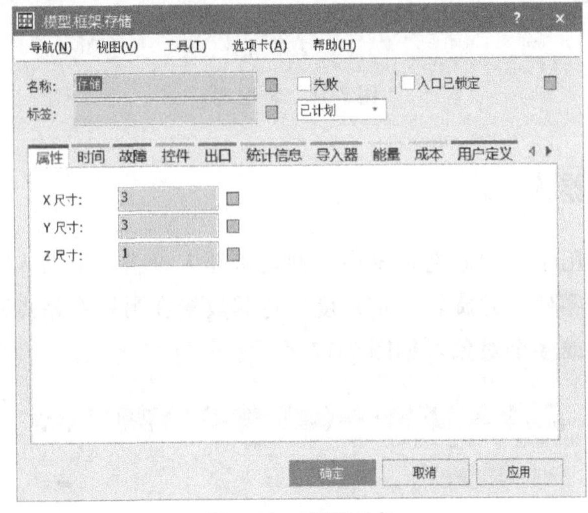

图 7-18　存储对象

7.3.12 暂存区

暂存区用于模拟制造系统中的物料临时存储区域，缓冲区有两个用途：①当后面的站点故障时，可以暂时保存零件，防止零件在后续站点堆积；②当前面的站点故障不处理 MU 时，它会将暂存的 MU 移动到后续站点，防止生产过程停止。暂存区的缓冲类型有队列和堆栈两种，队列类型按照先进先出的原则处理零件，堆栈按照后进先出的原则处理零件。如图 7-19 所示。

7.3.13 传送器

传送器用于模拟制造系统中传送零件的对象，传送带有长度和速度，可以在两个工位之间进行 MU 的传输。如图 7-20 所示。

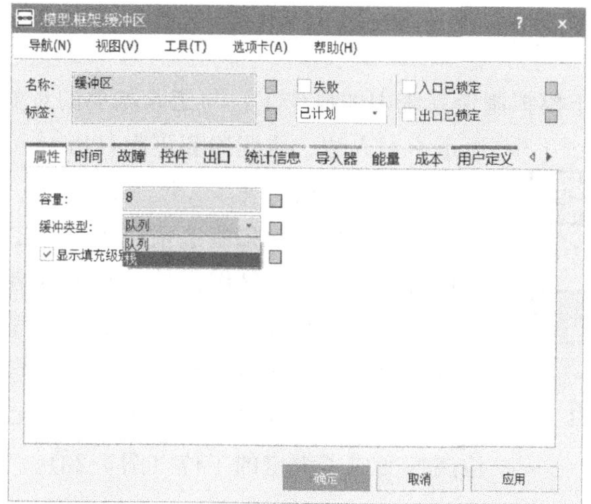

图 7-19　缓冲区

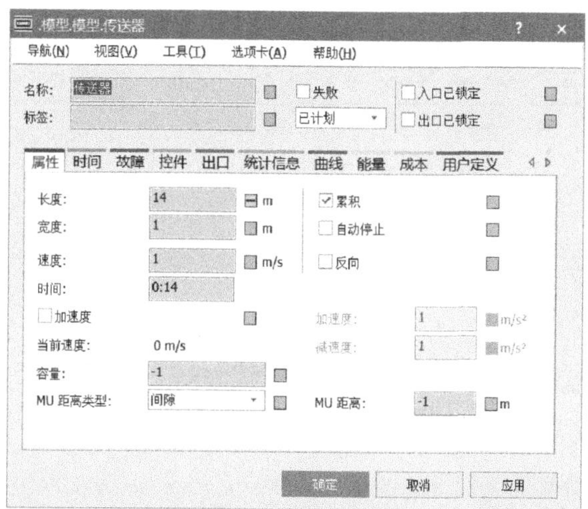

图 7-20　传送器属性

7.3.14　轨道

轨道对象用于模拟制造系统中物流运输工具的行驶路线，轨道有长度，没有速度，轨道只能运载小车对象，不能直接运载零件和容器对象。双通道轨道对象有两条车道，小车对象行驶在相反的方向。如图 7-21 所示。

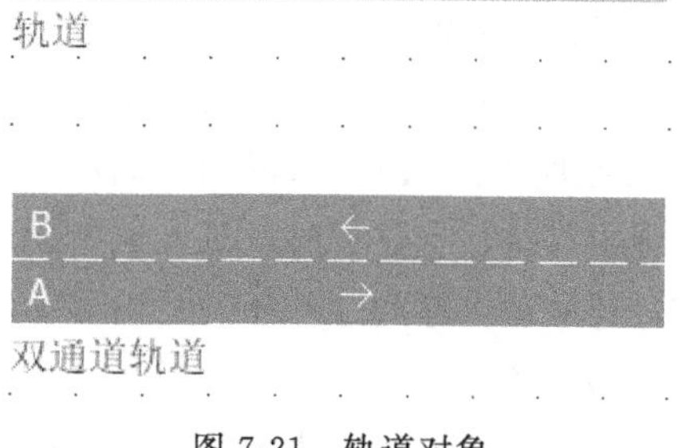

图 7-21　轨道对象

7.3.15 工人

工人对象用于模拟制造系统中的操作工，与工人相关的对象有工作区、人行通道、工人池、协调器和班次日历。

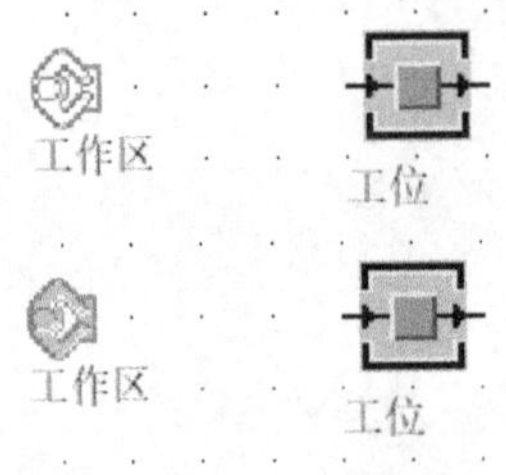

图 7-22 工作区

(1) 工作区

工作区用于模拟制造系统中操作工工作的位置，在建模时可以将工作区绑定给支持导入者的物流对象，例如单处理、并行处理、装配站等。在建模时，没有绑定物流对象的工作区是白色的，绑定之后会变成灰色，如图 7-22 所示，并且双击工作区后，可以看到工作区的工位属性变成了绑定的工位（图 7-23）。

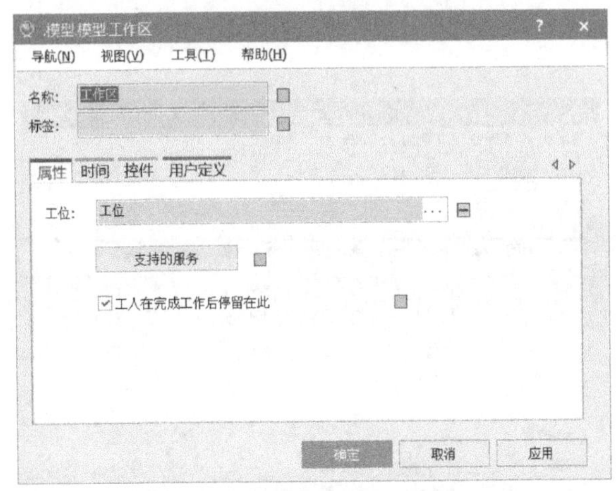

图 7-23 工作区工位属性

(2) 人行通道

人行通道对象用于模拟制造系统中操作工在进行加工操作时的行走路线，人行通道有长度属性，工人在仿真过程中将沿着人行通道从工人池移动到工作区进行工作。

(3) 工人池

工人池对象用于模拟制造系统中的休息室或员工办公室区域，在建模时可将工人池绑定给支持导入者的物流对象。在仿真过程中，没有工作任务时工人在工人池中等待，有任务时从工人池中创建工人对象。工人被创建后默认沿着人行通道进行移动，除此之外还有自由移动和向工作区发送两种移动模式。

(4) 协调器

协调器对象用于模拟制造系统中操作工的管理者，例如工段长、班组长。协调器负责接收物流对象请求，并控制工人池向这些对象发送工人进行操作。

（5）班次日历

班次日历用于模拟制造系统中的工作日历，控制工人的工作和休息等时间。

例如，现在要建立一个包含两个单处理工位的仿真模型，两个工位之间由工人进行物料搬运和处理，建模过程如下：

步骤 1：将物料源、单处理工位、工人池、人行通道、协调器拖动到建模区域并连接起来，建立如图 7-24 所示的模型。

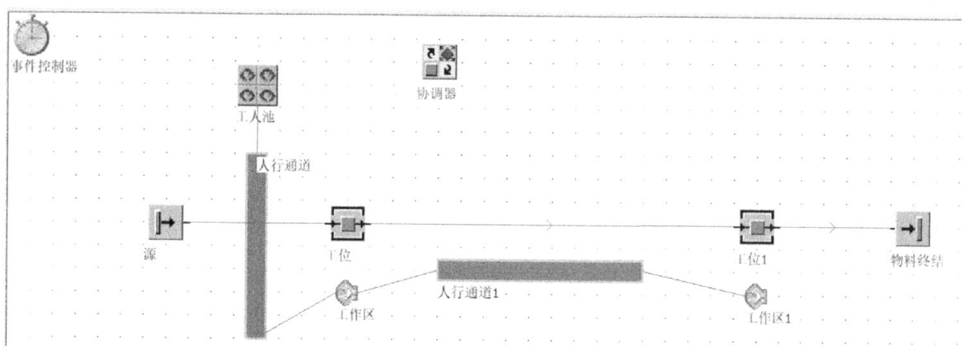

图 7-24　模型示意

步骤 2：将工人池、工位、工位 1 的协调器修改为模型中的协调器对象，如图 7-25 所示。要注意的是，工位如果需要工人进行操作处理，需要在其属性中的导入器中将处理变成活动，并将协调器修改为模型中的协调器，如果需要工人进行运输，则对应地修改运输选项卡中的活动选项和协调器选项（图 7-26）。

步骤 3：启动仿真（图 7-27）。

.模型.模型.工人池

导航(N)　视图(V)　工具(T)　帮助(H)

名称：工人池

标签：　已计划

属性　统计信息　控件　用户定义

工人：创建表

仅从该池中获取作业单

工人可以远程工作

出行方式：沿人行通道走动

协调器：协调器

班次日程表：

零件缓冲区：

确定　取消　应用

图 7-25　工人池协调器

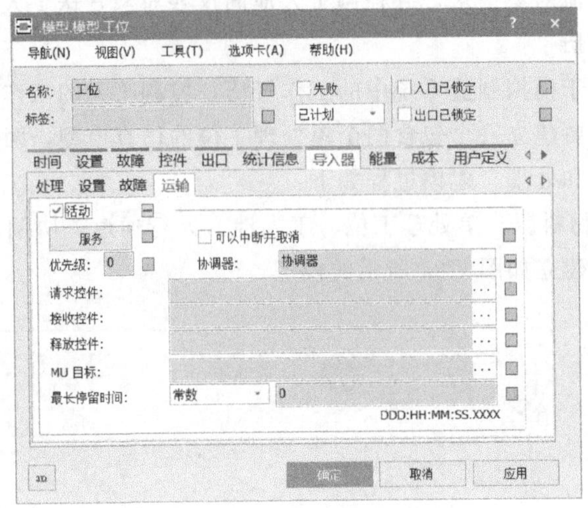

图 7-26　工位协调器

图 7-27　仿真效果

7.4　Plant Simulation 仿真建模流程

在利用 Plant Simulation 进行制造系统仿真与优化时，仿真的流程如图 7-28 所示。

(1) 问题分析与仿真准备

针对需要通过仿真解决的问题，分析通过仿真解决问题的可行性，可行性分析通过后，设定仿真的目标，并对仿真项目的实施进行整体规划，包括分析仿真模型需要建立哪些制造系统元素的模型和建模过程中需要用到的数据，例如设备的形状数据、车间的布局数据、产品的工艺路线数据等，对收集到的数据进行预处理，得到可以直接用于仿真的数据；分析通过仿真解决问题需要分为几个步骤，每个步骤需要开展的工作，每个阶段开始时需要的输入和结束时的输出。

（2）系统建模

根据制造系统的数据和实际情况，将制造系统中包含的设备等制造资源抽象为 Plant Simulation 中的建模元素，建立制造系统的布局模型，对制造系统的运行过程和控制逻辑进行抽象，将其转换为 Plant Simulation 中各元素的参数值用于控制仿真进程，得到反映制造系统真实情况的仿真模型。

（3）仿真实施

在完成仿真参数设定后，启动仿真对制造系统运行过程进行模拟，记录仿真各步骤运行过程中产生的数据结果，对仿真产生的数据进行分析，发现制造系统中存在的问题，并提出对应的改进优化策略，建立优化后的仿真模型，再次运行仿真，重新进行仿真结果分析，对比优化结果，输出记录仿真过程和结果的报告。

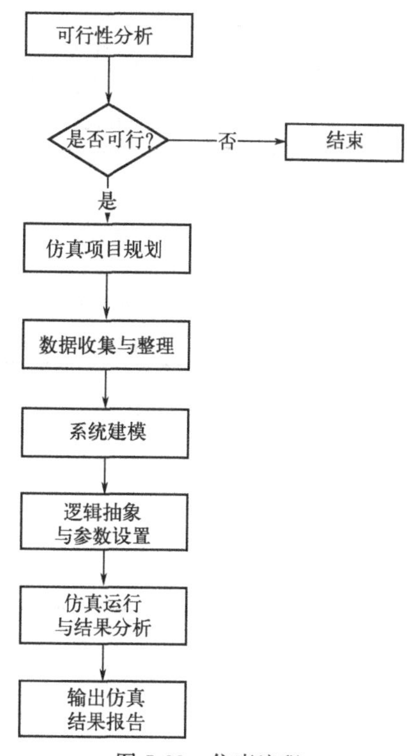

图 7-28　仿真流程

7.5 仿真案例

7.5.1 装配线平衡优化

某装配生产线工位及作业时间如表 7-1 所示。

表 7-1　装配线各工位作业时间测定表

序号	工序名称	标准时间/s	作业人数
1	大底板放置	44	2
2	后壁板安装	80	1
3	立柱中横梁安装	70	2
4	立柱大底板螺栓安装	74	1
5	中横梁与后壁板螺栓安装	68	2
6	挡泥板立柱螺栓安装	78	3
7	盖板安装	76	1
8	挡泥板与立柱螺栓安装	90	1
9	挡泥板与大底板螺栓安装 1	62	2

续表

序号	工序名称	标准时间/s	作业人数
10	挡泥板与大底板螺栓安装 2	61	2
11	紧固挡泥板	80	2
12	紧固后壁板	71	1
13	上框放置	41	1
14	上框安装	80	2
15	尾板安装	107	2
16	尾板紧固	53	1
17	油箱安装	99	1

第一步，根据表 7-1 建立生产线的布局模型，并进行模型参数设置。如图 7-29 所示。

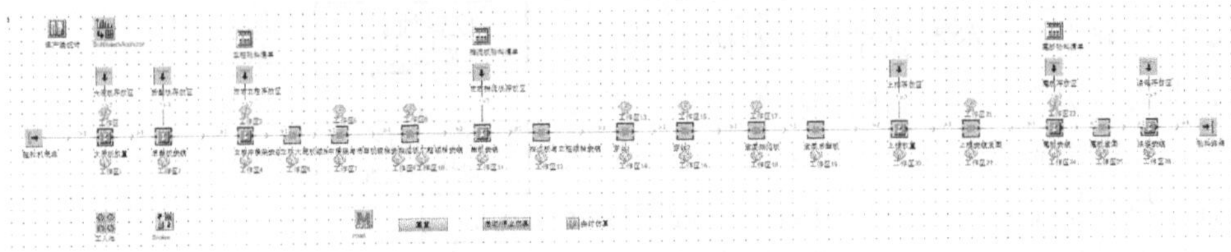

图 7-29　改善前生产线模型

第二步，启动仿真，统计生产线平衡状态和作业时间。

第三步，分析仿真结果，根据图 7-30 和图 7-31 可以明显看出，工位 8（挡泥板与立柱螺栓安装）、工位 15（尾板安装）和工位 17（油箱安装）为瓶颈工

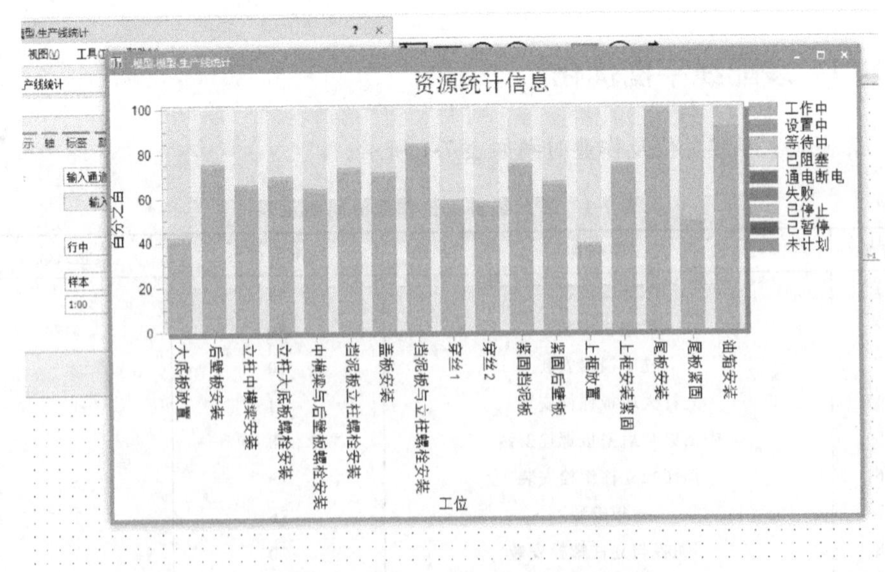

图 7-30　改善前生产线作业时间山积图

位，查看表 7-1 发现，工位 8、工位 15、工位 17 的作业时间分别为 90s、107s、99s。利用 ECRS 原则和作业流程分析，对工位 8 增加工装，工位 15、工位 16、工位 17 作业重新排序，对改善后生产线进行仿真。如图 7-32、图 7-33 所示。

已按照工作时间排序

root.油箱安装

	object 1	real 2	real 3	real 4	real 5	real 6	real 7	real 8	real 9	real 10
string	资源	工作中	已设置	等待中	已堵塞	poweringUpDown	已中断	已停止	暂停	排序准则
1	root.尾板安装	98.70	0.00	1.30	0.00	0.00	0.00	0.00	0.00	98.70
2	root.油箱安装	91.32	0.00	8.68	0.00	0.00	0.00	0.00	0.00	91.32
3	root.挡泥板与立柱螺栓安装	83.02	0.00	1.60	15.38	0.00	0.00	0.00	0.00	83.02
4	root.后壁板安装	73.79	0.00	1.83	24.38	0.00	0.00	0.00	0.00	73.79
5	root.上框安装紧固	73.79	0.00	1.34	24.86	0.00	0.00	0.00	0.00	73.79
6	root.紧固挡泥板	73.79	0.00	1.58	24.63	0.00	0.00	0.00	0.00	73.79
7	root.挡泥板立柱螺栓安装	71.95	0.00	1.68	26.37	0.00	0.00	0.00	0.00	71.95
8	root.盖板安装	70.11	0.00	1.64	28.25	0.00	0.00	0.00	0.00	70.11
9	root.立柱大底板螺栓安装	68.26	0.00	1.80	29.94	0.00	0.00	0.00	0.00	68.26
10	root.紧固后壁板	65.49	0.00	1.59	32.92	0.00	0.00	0.00	0.00	65.49
11	root.立柱中横梁安装	64.57	0.00	1.88	33.55	0.00	0.00	0.00	0.00	64.57
12	root.中横梁与后壁板螺栓安装	62.73	0.00	1.77	35.51	0.00	0.00	0.00	0.00	62.73
13	root.穿丝1	57.19	0.00	2.01	40.80	0.00	0.00	0.00	0.00	57.19
14	root.穿丝2	56.27	0.00	1.88	41.85	0.00	0.00	0.00	0.00	56.27
15	root.尾板紧固	48.89	0.00	51.11	0.00	0.00	0.00	0.00	0.00	48.89
16	root.上框放置	37.82	0.00	1.61	60.57	0.00	0.00	0.00	0.00	37.82
17	root.拖拉机底盘	0.00	0.00	2.03	97.97	0.00	0.00	0.00	0.00	0.00
18	root.物料终结	0.00	0.00	100.00	0.00	0.00	0.00	0.00	0.00	0.00

图 7-31　改善前生产线瓶颈分析作业时间表

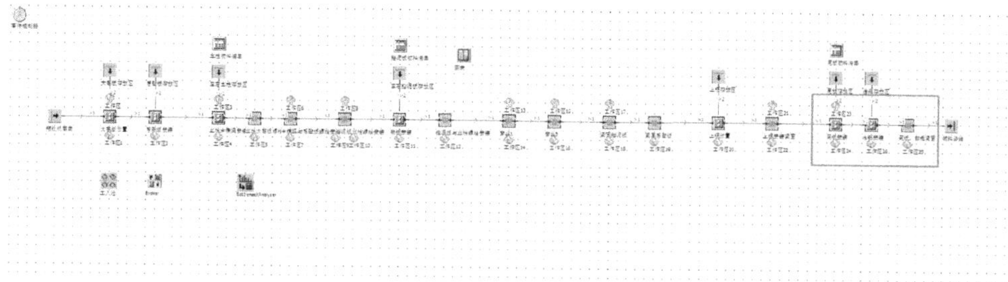

图 7-32　改善后 2D 仿真模型

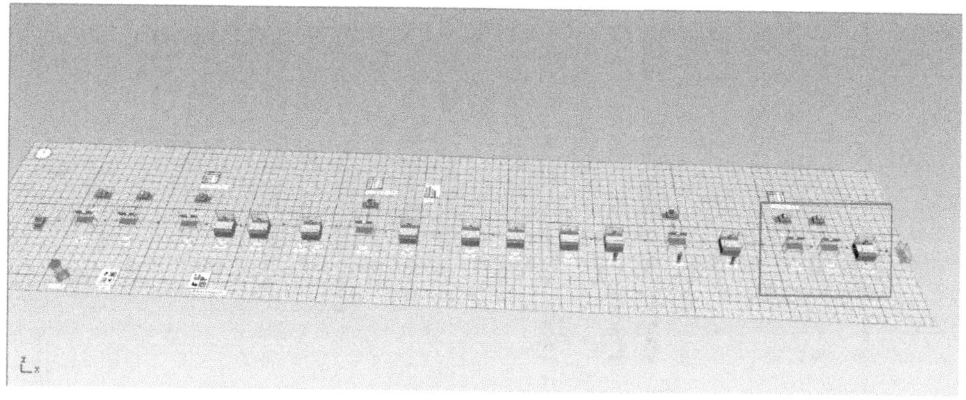

图 7-33　改善后 3D 仿真模型

改善后作业时间如表 7-2 所示。

表 7-2 各工位作业标准时间表

工位号	工程名	标准时间/s
1	大底板放置	44
2	后壁板安装	80
3	立柱中横梁安装	70
4	立柱大底板螺栓安装	74
5	中横梁与后壁板螺栓安装	68
6	挡泥板安装	78
7	盖板安装	76
8	挡泥板与立柱螺栓安装	65
9	挡泥板与大底板螺栓安装 1	62
10	挡泥板与大底板螺栓安装 2	61
11	紧固挡泥板	80
12	紧固后壁板	71
13	上框放置	41
14	上框安装	80
15	尾板安装	64
16	油箱安装	70
17	尾板、油箱紧固	61

第四步，仿真结果评价。

根据图 7-34 与图 7-30 对比发现，改善后生产线平衡状态得到改善，由图 7-35 可知，平衡后的瓶颈工位为工位 2（后壁板安装），瓶颈时间为 80s，相比改善前降低了 27s。

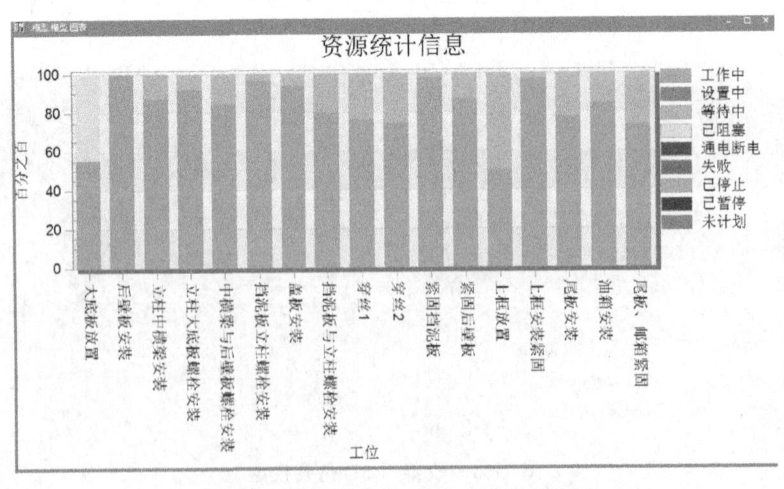

图 7-34 改善后生产线作业时间山积图

string	object 1 资源	real 2 工作中	real 3 已设置	real 4 等待中	real 5 已堵塞	real 6 poweringUpDown	real 7 已中断	real 8 已停止	real 9 暂停	real 10 排序准则
1	root.后壁板安装	99.85	0.00	0.15	0.00	0.00	0.00	0.00	0.00	99.85
2	root.紧固挡泥板	97.65	0.00	2.35	0.00	0.00	0.00	0.00	0.00	97.65
3	root.上框安装紧固	96.98	0.00	3.02	0.00	0.00	0.00	0.00	0.00	96.98
4	root.挡泥板立柱螺栓安装	96.37	0.00	3.63	0.00	0.00	0.00	0.00	0.00	96.37
5	root.盖板安装	93.65	0.00	6.35	0.00	0.00	0.00	0.00	0.00	93.65
6	root.立柱大底板螺栓安装	91.89	0.00	8.11	0.00	0.00	0.00	0.00	0.00	91.89
7	root.立柱中横梁安装	87.14	0.00	12.86	0.00	0.00	0.00	0.00	0.00	87.14
8	root.紧固后壁板	86.43	0.00	13.57	0.00	0.00	0.00	0.00	0.00	86.43
9	root.油箱安装	84.43	0.00	15.57	0.00	0.00	0.00	0.00	0.00	84.43
10	root.中横梁与后壁板螺栓安装	84.24	0.00	15.76	0.00	0.00	0.00	0.00	0.00	84.24
11	root.挡泥板与立柱螺栓安装	79.90	0.00	20.10	0.00	0.00	0.00	0.00	0.00	79.90
12	root.尾板安装	77.37	0.00	22.63	0.00	0.00	0.00	0.00	0.00	77.37
13	root.穿丝1	76.01	0.00	23.99	0.00	0.00	0.00	0.00	0.00	76.01
14	root.穿丝2	74.64	0.00	25.36	0.00	0.00	0.00	0.00	0.00	74.64
15	root.尾板、邮箱紧固	73.41	0.00	26.59	0.00	0.00	0.00	0.00	0.00	73.41
16	root.大底板放置	55.13	0.00	0.00	44.88	0.00	0.00	0.00	0.00	55.13
17	root.上框放置	49.83	0.00	50.17	0.00	0.00	0.00	0.00	0.00	49.83

图 7-35　改善后生产线瓶颈分析作业时间表

7.5.2　车间物流优化

(1) 现状与问题分析

某车间的布局图如图 7-36 所示，在进行布局规划时，仅以完成订单生产任务为目标将设备布置在车间内部，没有综合考虑生产与物流之间的关系进行系统性规划，随着车间生产任务的不断增加，车间布局方面呈现了以下问题。

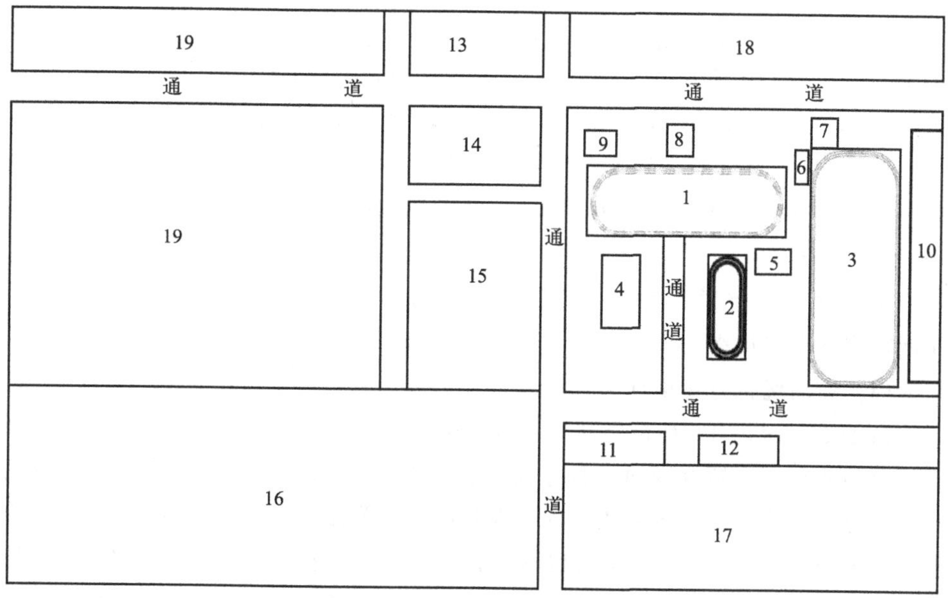

图 7-36　车间初始布局图

① 物流运输路径过长，导致物料搬运量增加，影响物流供应的速度与成本。

② 布局不规范，导致物流通道堵塞，搬运工具空载运行，造成时间上的浪费。

通过对问题进行分析，发现问题产生的主要原因是车间设备布局与暂存区设置不合理，部分物料摆放不规范。因此需要对现有布局进行优化。

该车间的物料流动过程如表 7-3 所示。

表 7-3　车间主要物料的流动过程

序号	名称	流动过程
P1	制动器壳体	分装仓库—清洗区—线边暂存区
P2	制动器从动盘总成	零部件转运区—线边暂存区
P3	制动摇臂、拨块	零部件转运区—小件组合区—线边暂存区
P4	动力输出主动轴	零部件转运区—线边暂存区
P5	拨叉滑杆	零部件转运区—小件组合区—线边暂存区
P6	拨叉轴套	零部件转运区—小件组合区—线边暂存区
P7	差速锁	零部件转运区—差速器组合区—线边暂存区
P8	差速器	零部件转运区—差速器组合区—线边暂存区
P9	前箱壳体	分装仓库—清洗区—线边暂存区
P10	后箱壳体	分装仓库—清洗区—线边暂存区
P11	半轴	零部件转运区—半轴组合线—线边暂存区
P12	预留上盖	分装仓库—上盖组合区—线边暂存区
P13	提升器	零部件转运区—提升器存放区—线边暂存区
P14	变速箱上盖	分装仓库—上盖组合区—线边暂存区
P15	分离叉轴	零部件转运区—Ⅰ轴Ⅱ轴组合区—线边暂存区
P16	分动箱	零部件转运区—线边暂存区
P17	分离轴承座	零部件转运区—小件组合区—线边暂存区
P18	压盘	零部件转运区—线边暂存区
P19	下拉杆支座	零部件转运区—线边暂存区

由表 7-3 可知，车间物料分别来自分装仓库和零部件转运区，其中有些物料采用随用随到的方式供应，没有库存，共有 8 种，分别是：P1、P2、P4、P9、P10、P16、P18、P19。而 P3、P5、P6、P7、P8、P11、P12、P13、P14、P15、P17 这 11 种物料都需经过加工过后才能运到线边暂存区，会持有一定的库存。车间物流从至表见表 7-4。

(2) 布局优化方案设计

由于 P3、P5、P6 都是小件类物料，且大部分都用于后箱装配环线上，故把它们单独放在一个暂存区内，暂存区位于作业单元 1 的左上角；而 P7、P8 这两种物料也是后箱装配环线才能用到，因此把它们单独放在一个暂存区内，位于作业单元 8 内。P13 这种物料主要也用于后箱装配环线上，而分装车间内的提升器存放区正好位于后箱装配环线的旁边，把提升器存放区设计成 P13 的线边暂存区；P11、P12、P14 这几种物料的体积不适于放到线边暂存区，只能放在相应的组合区内，用到的时候用叉车或者液压车运到相应的工位上。P15、P17 的大致位置在小件组合区内，需要先进行组合，再运到线边。

表 7-4　物流从至表

物料类型			壳体类		总成类		小件类		轴齿类		叉轴类		结构件		路线合计		
从至号	距离	路线情况	物流量	工作量	物流量	工作量	物流量	工作量	物流量	工作量	物流量	工作量	物流量	工作量	物流量	工作量	等级
15—9	27	1	11.7	315.9											12	316	U
9—1	15	1	11.7	175.5	4.3	64.5									16	240	U
1—3	28	1	92.5	2591.1	36.1	1010.2	10.2	285.6	16.6	464.8	36.5	1021.2	33.2	929.6	225	6303	E
3—10	2	1	95.7	191.5	36.1	72.2	10.2	20.4	16.6	33.2	36.5	72.9	60.8	121.6	256	512	A
17—9	55	1			4.3	236.5									4	237	U
17—1	44	1					6.7	294.8							7	295	U
17—11	24	1							11.6	278.4					12	278	U
11—1	33	4							11.6	382.8					12	383	U
17—2	29	1					3.5	101.5							4	102	U
2—1	15	1	28.9	433.5			3.5	52.5			35.3	529.1	12.6	189	80	1204	E
17—13	74	1									1.2	88.8	20.6	1524.4	22	1613	O
13—8	33	2									1.2	39.6	20.6	679.8	22	719	O
8—1	8	1									1.2	9.6	20.6	164.8	22	174	O
15—2	38	1	20	760											20	760	O
15—1	36	1	34.8	1252.8											35	1253	I
17—4	37	1							5	185					5	185	U

续表

物料类型			壳体类		总成类		小件类		轴齿类		叉轴类		结构件		路线合计		
从至号	距离	路线情况	物流量	工作量	物流量	工作量	物流量	工作量	物流量	工作量	物流量	工作量	物流量	工作量	物流量	工作量	等级
4—1	16	1							5	80					5	80	U
15—14	19	3	26	494.8											26	495	O
14—1	33	2	17.1	565.6											17	566	U
17—5	34	1			31.8	1080.5									32	1081	I
5—1	16	1			31.8	508.5									32	508	I
14—2	44	2	8.9	391.6											9	392	U
17—11	24	3									35.3	846.5			35	846	I
11—2	24	4									35.3	846.5			35	846	I
17—6	46	1	3.2	147.2											3	147	U
6—7	5	3	3.2	16											3	16	U
7—3	18	1	3.2	57.6											3	58	U
17—12	10	3											12.6	126	13	126	U
12—2	18	1											12.6	226.8	13	227	U
17—3	36	1											27.6	993.6	28	994	O
每类物料合计	物流量		357		144		34		66		182		221		1005		
	工作量			7393		2972		755		1424		3454		4956		20954	
	标定等级			A										E			

根据物料搬运活动一览表及物料搬运系统分析（SHA）的相关理论，在进行物料暂存区布置设计时还要考虑分装车间的布局，根据车间各作业单元分布情况，得到分装车间物料暂存区的布置设计，如图 7-37 所示。

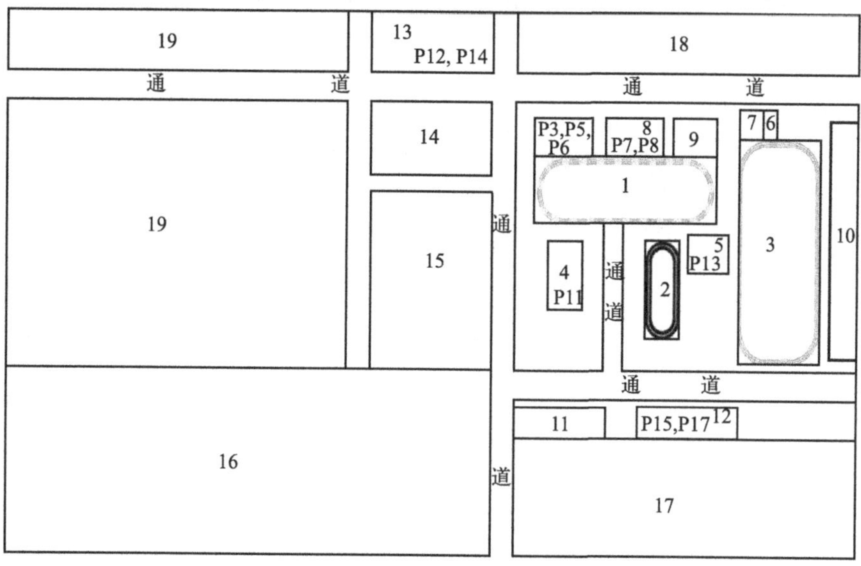

图 7-37　暂存区布置设计方案

根据以上暂存区布置方案，对物流路径进行优化，如图 7-38 所示。

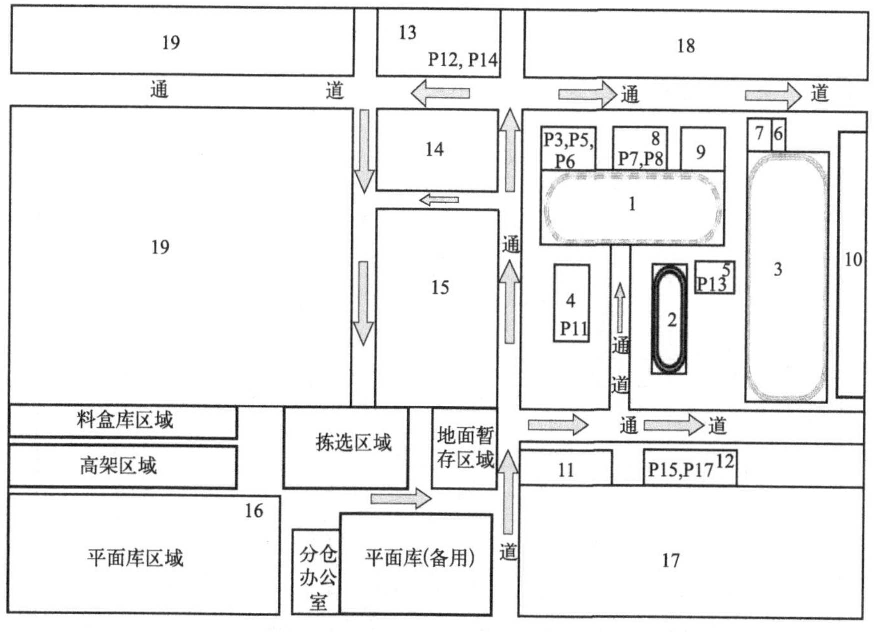

图 7-38　物流路径优化方案

优化后的车间布局将物料暂存区都分布在线边上，很大程度地减少了来回搬运物料的时间。

(3) 仿真验证

按照优化后的布置方案建立图 7-39 中仿真模型，并进行参数设置。

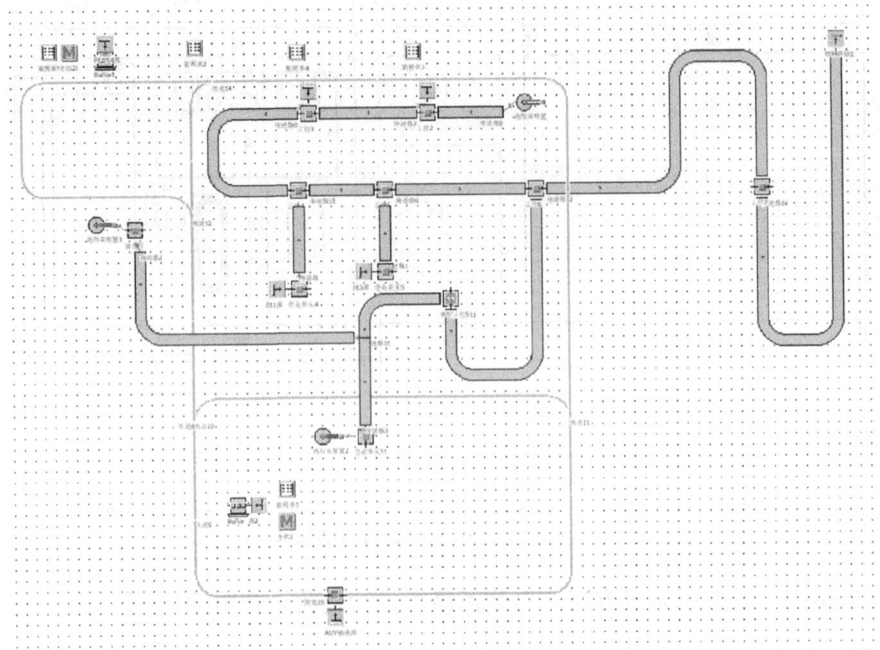

图 7-39　仿真模型

启动仿真，输出仿真结果（图 7-40）。

已删除 Drain 的零件的累积统计									
对象	名称	平均使用寿命	吞吐量	TPH	生产	运输	存储	值已添加	部分
物料终结1	Orange1	2:36.7749	9	68	14.03%	85.97%	0.00%	14.03%	
物料终结1	Orange2	2:37.1862	8	60	14.51%	85.49%	0.00%	14.00%	
物料终结1	P11	3:02.1248	11	83	38.04%	61.96%	0.00%	23.06%	
物料终结1	P13	2:50.9249	12	90	38.91%	61.09%	0.00%	22.82%	
物料终结1	Purple1	7:45.2080	2	15	4.73%	62.59%	32.69%	4.73%	
物料终结1	Red1	5:23.6265	6	45	9.99%	84.88%	5.13%	9.48%	
物料终结1	Red2	4:56.7872	6	45	9.21%	84.07%	6.72%	9.21%	
物料终结1	Red3	5:02.4911	4	30	10.74%	82.68%	6.58%	9.92%	
物料终结1	Red4	4:58.9911	4	30	7.86%	83.81%	8.33%	7.86%	
物料终结1	Red5	5:46.1295	3	23	10.48%	85.67%	3.85%	7.61%	
物料终结1	Red6	5:25.8403	2	15	6.75%	90.18%	3.07%	6.75%	
物料终结1	Red7	5:43.8403	2	15	10.18%	84.00%	5.82%	10.18%	
物料终结1	Red8	5:43.5903	4	30	9.02%	86.61%	4.37%	8.29%	
物料终结1	Yellow1	2:22.6147	6	45	12.39%	87.61%	0.00%	11.92%	
物料终结1	Yellow2	2:24.1609	6	45	12.41%	87.59%	0.00%	11.79%	
物料终结1	Yellow3	2:24.7948	5	38	12.64%	87.36%	0.00%	11.74%	

图 7-40　仿真结果

各工位的工作情况如图 7-41 所示。

对象	工作中	设置	等待中	已阻塞	上电/掉电	失败	已停止	已暂停	未计划	部分
工位2	47.92%	0.00%	52.08%	0.00%	0.00%	0.00%	0.00%	0.00%	0.00%	
工位3	71.04%	0.00%	28.96%	0.00%	0.00%	0.00%	0.00%	0.00%	0.00%	
工位4	49.91%	0.00%	50.09%	0.00%	0.00%	0.00%	0.00%	0.00%	0.00%	
工位5	77.50%	0.00%	22.50%	0.00%	0.00%	0.00%	0.00%	0.00%	0.00%	
工位6	73.75%	0.00%	26.25%	0.00%	0.00%	0.00%	0.00%	0.00%	0.00%	
工位7	43.75%	0.00%	56.25%	0.00%	0.00%	0.00%	0.00%	0.00%	0.00%	
作业单元4	100.00%	0.00%	0.00%	0.00%	0.00%	0.00%	0.00%	0.00%	0.00%	
作业单元5	100.00%	0.00%	0.00%	0.00%	0.00%	0.00%	0.00%	0.00%	0.00%	
作业单元11	88.28%	0.00%	11.72%	0.00%	0.00%	0.00%	0.00%	0.00%	0.00%	
清洗区	25.00%	0.00%	75.00%	0.00%	0.00%	0.00%	0.00%	0.00%	0.00%	
装配工位5	65.86%	0.00%	34.14%	0.00%	0.00%	0.00%	0.00%	0.00%	0.00%	

图 7-41 各工位工作情况

仿真结果表明，优化后的布置方案通过优化物流路径和暂存区设置，提高了物流效率，使车间的产品有所提升，从优化前的日产量 200 提高到了 218，生产效率提高了 9%。

第8章

面向对象的制造系统建模案例

在进行智能制造系统建设时，需要对智能制造系统的硬件设施和软件系统进行规划，在进行软件系统规划时，面向对象的制造系统建模技术是一种常用技术，也是进行计算机信息系统建设的基础。本章以某企业为例，对面向对象的制造系统建模进行说明。

8.1 计划调度系统建模

计划调度系统负责根据生产计划及月考核计划，合理分配加工任务，平衡各台加工设备的作业，通过自动排产生成详细作业计划，并可根据实际生产作业情况对生成的计划作必要的修改，以最大限度地提高各台设备的利用率，缩短工件加工时间。其中自动排产部分，提供优先考虑时间、人员、设备等几种条件的计划排产的生成，而且还可以对现有的计划根据不同情况做出相适应的变更，以保证生产的灵活性。

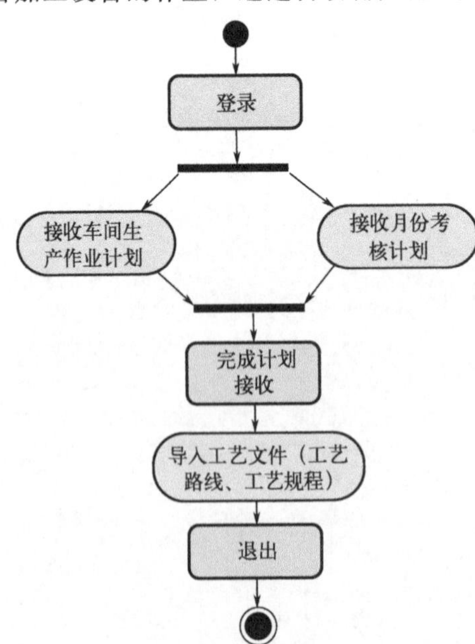

图 8-1　接收计划活动图

8.1.1 计划调度系统活动图

(1) 接收计划活动图（图 8-1）

接收计划是车间作业的源头，它具体是指在车间接收科研处下发的车间生产作业计划和月份考核计划，在完成计划的接收后，要根据计划从 CAPP 系统中导入工艺文件。

（2）领料活动图（图 8-2）

车间在接收到计划后，计调员根据计划填写领料单，根据领料单去物料部门领取材料，并且将物料存放在车间周转库中，等待工人加工时使用。

（3）卡片填写活动图（图 8-3）

在该系统中，各种卡片如工艺过程卡、首件检验卡、工票等起着贯穿整个系统的作用，而这些卡片是从准备下发计划开始的，在计划调度中卡片中填写的信息主要是计划的相关信息，而且工艺过程卡中的材料信息要经过检验员的核实，必须在合格后才能向后续工作流转。

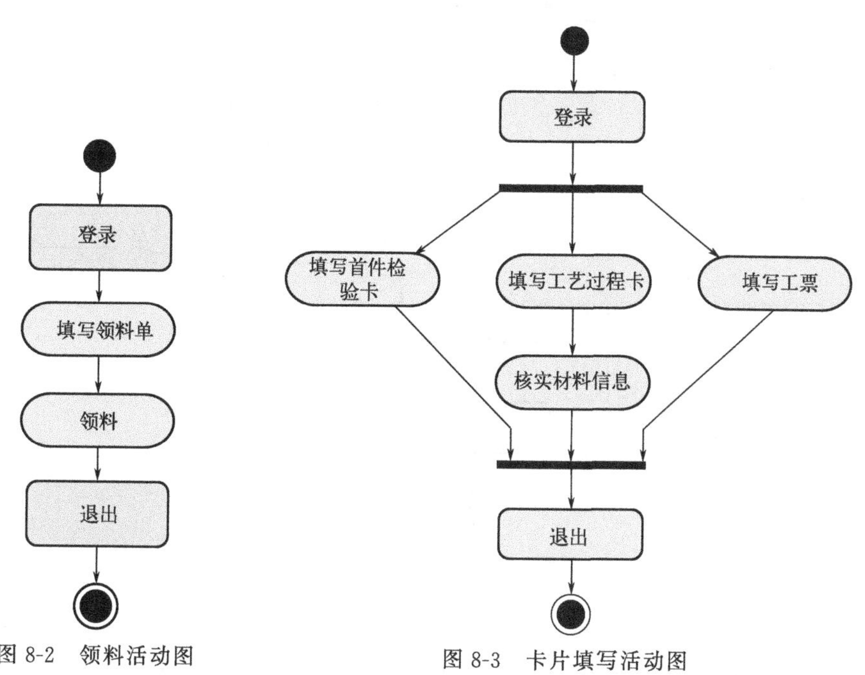

图 8-2　领料活动图

图 8-3　卡片填写活动图

（4）下发计划活动图（图 8-4）

计调员对于工人具体计划的安排主要是通过工艺过程卡来体现的，而对于计划的排产，后期可能使用一些自动排产的方法，制定出周计划以及详细的工人生产计划。在获取到这些自动生成的计划后，计调员可以对人员、设备或计划完成时间等进行一些修改、调整，在修改完善之后，将通过工艺过程卡、首件检验卡、工票将任务具体分给每个工人，将周生产计划下发给班组长。

（5）计划变更活动图（图 8-5）

计划变更主要包括以下三种情况：科研处下发转批单，它是针对一些紧急任务的调整，可能是某型号批次中已加工好或正在加工零件转给紧急型号批次，这

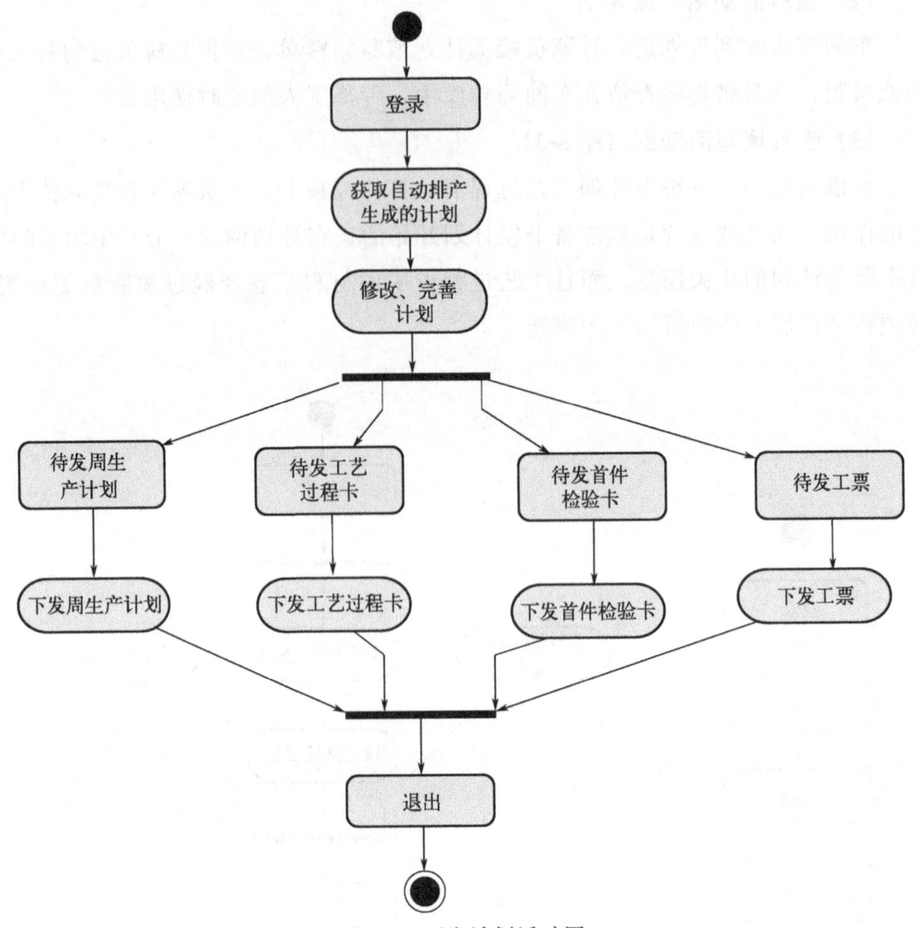

图 8-4　下发计划活动图

种情况则需要对原工艺过程卡进行分卡，产生一套与原工艺过程卡一致的工艺过程卡、首件检验卡以及工票；紧急计划，主要是指车间有可能接收一些零散任务、外协任务，也就是不属于科研处下发计划之列，计调员对这部分任务也要进行一定的调整与安排；追加计划，是指某些零件在检验时被判定为报废，科研处将补发计划对原来计划进行补充，计调员也相应要接收计划进行处理。

(6) 计划查询活动图（图 8-6）

计划查询主要是为计调员提供一些方便的查看，计调员既可以对科研处下发车间生产作业计划进行查询，也可以对自己向班组和车间已经下发的计划进行查询。当然这两种查询都可以根据很多条件进行分类查询。对于车间生产作业计划主要侧重针对批次、时间段、班组等条件。对于已经下发周生产计划和下发给工人的具体计划更关心的是根据人员、设备进行分类查看。

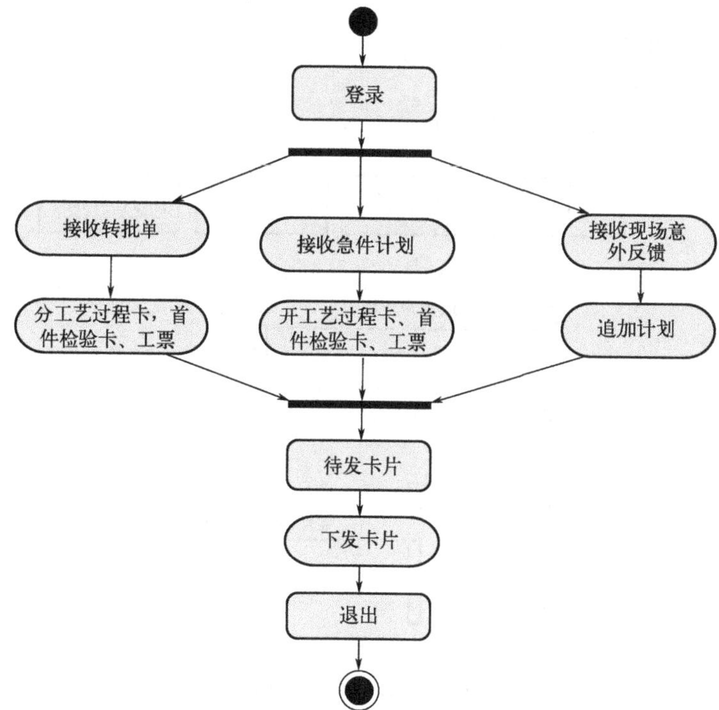

图 8-5　计划变更活动图

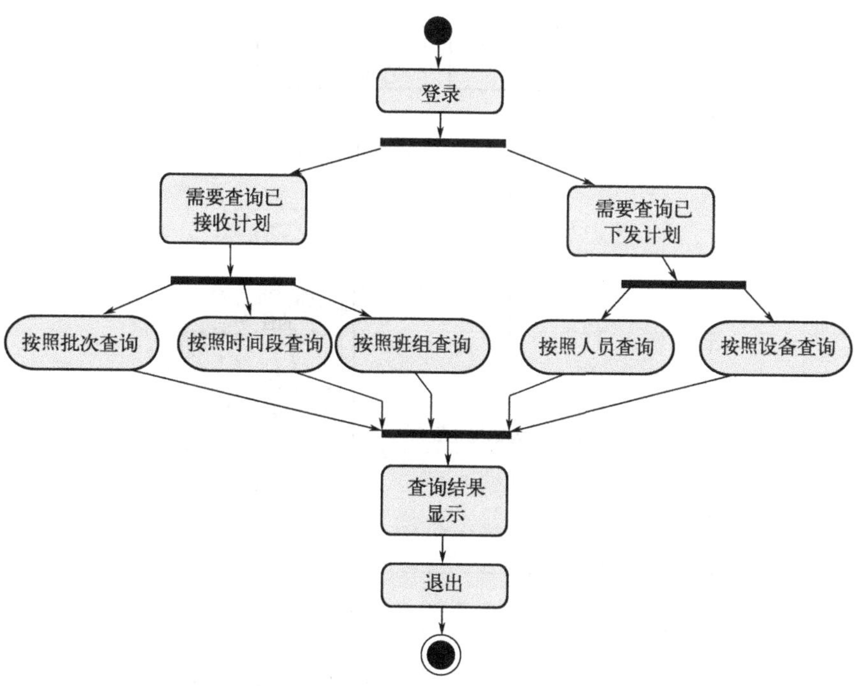

图 8-6　计划查询活动图

8.1.2 计划调度系统时序图

(1) 接收计划时序图(图 8-7)

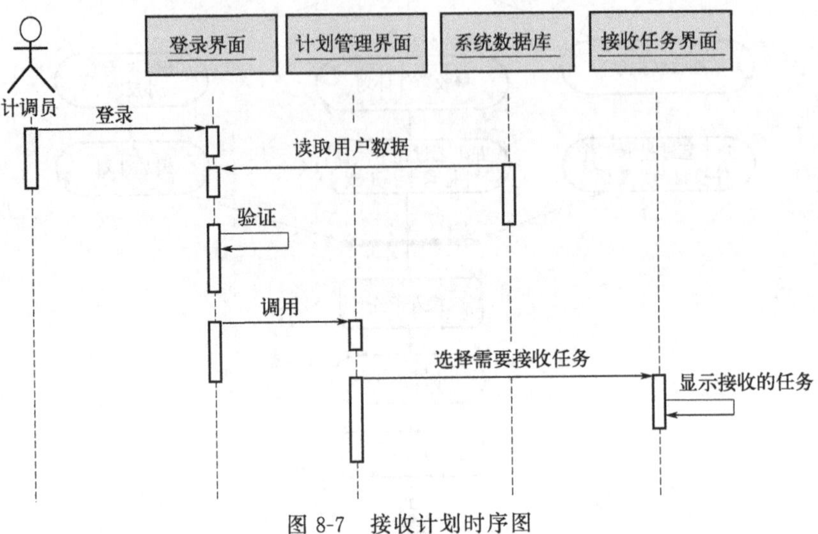

图 8-7　接收计划时序图

(2) 设定生产任务优先级时序图(图 8-8)

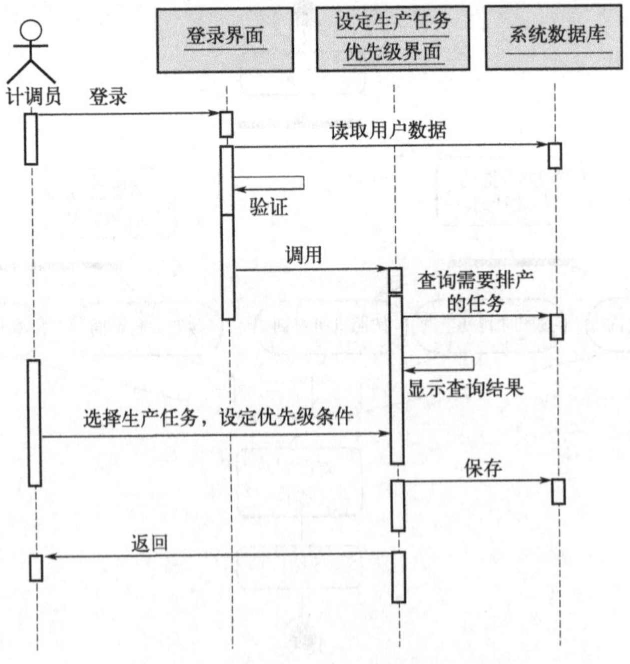

图 8-8　设定生产任务优先级时序图

(3) 制定计划时序图（图 8-9）

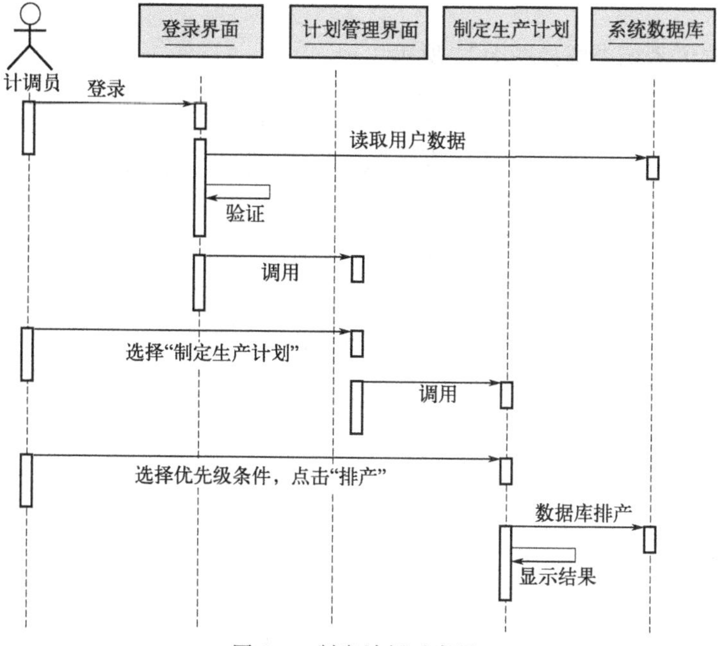

图 8-9　制定计划时序图

(4) 查询计划时序图（图 8-10）

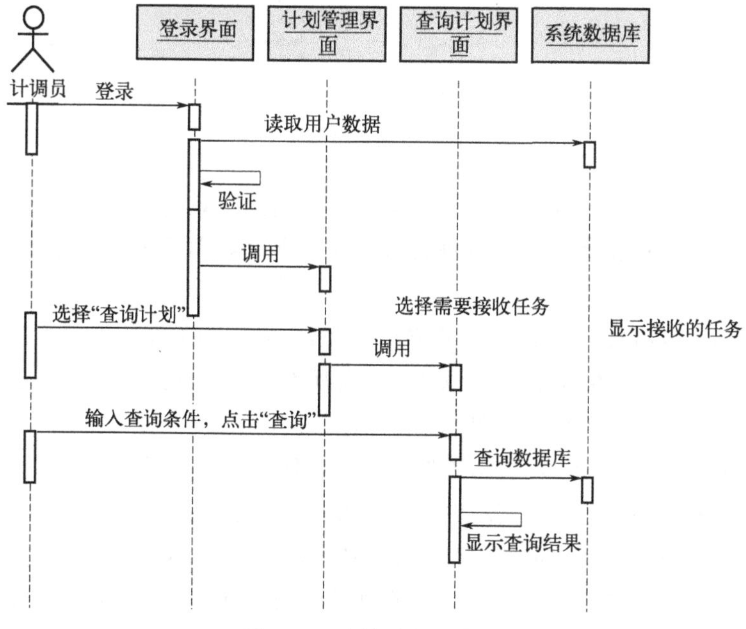

图 8-10　查询计划时序图

8.1.3 计划调度系统类图

计划调度系统类图如图 8-11 所示。

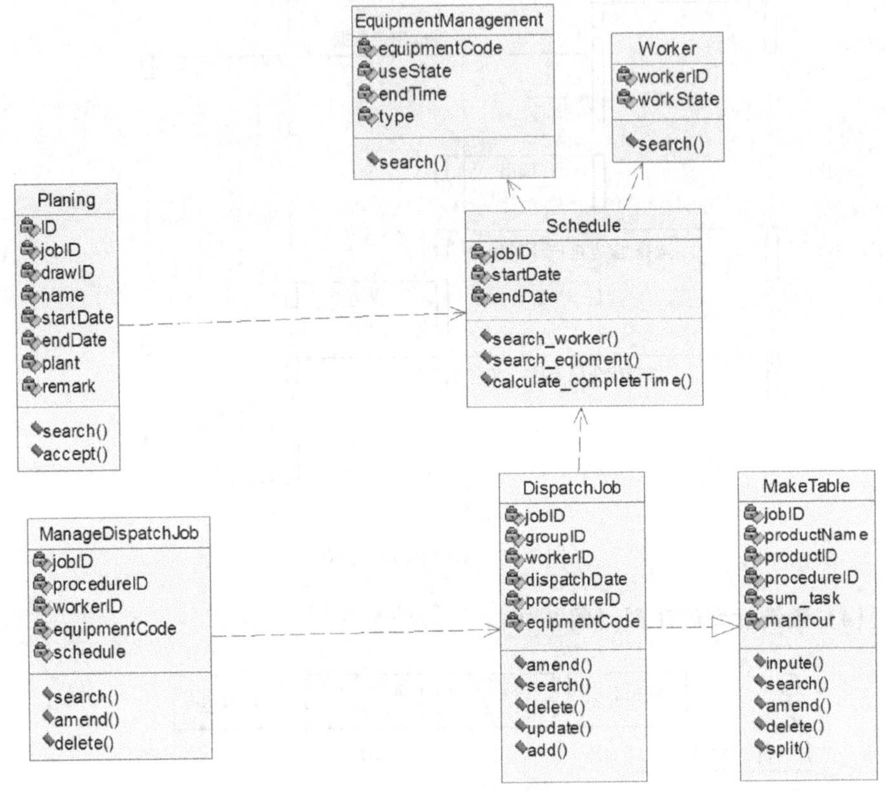

图 8-11 计划调度系统类图

① Schedule（调度类）：对应调度员基本信息表，包括工号、计划下发时间、任务完工时间等属性。可以进行查询工人加工、设备运转等状态信息。如图 8-12 所示。

② EquipmentManagement（设备管理类）：对应相关设备信息，包括设备编号、开始加工时间、完工时间、设备类型等属性。可以通过调用设备管理类，获取设备使用中的相关信息。如图 8-13 所示。

③ Planing（计划类）：包括工作令号、名称、开始时间、完工时间计划、备注等信息，通过调用此类，实现对计划的查询、接收。如图 8-14 所示。

④ ManageDispatchJob（管理下发计划类）：包括工作令号、工艺过程卡号、工人工号、设备编号、计划等属性，可通过调用实现对下发计划的查询、修改、删除。如图 8-15 所示。

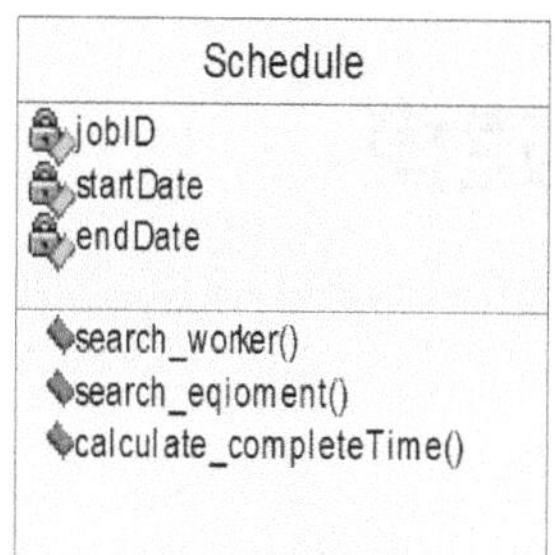

图 8-12　调度类

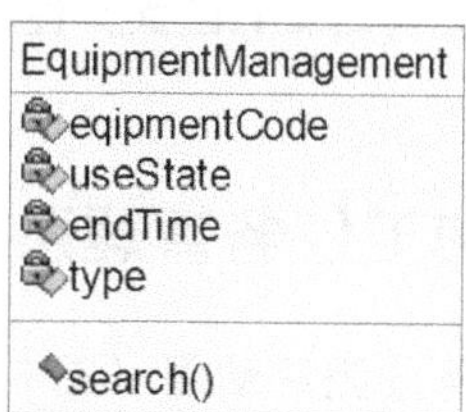

图 8-13　设备管理类

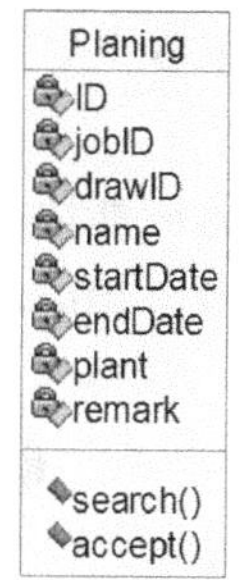

图 8-14　计划类

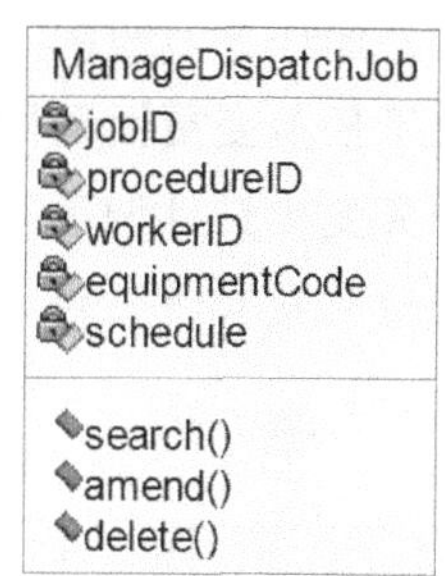

图 8-15　管理下发计划类

⑤ DispatchJob（任务分派类）：对应工作令号、工人组别、工号、下发任务时间、工序设备编号。可以通过调用这个类，实现对计划的查询、修改、删除、增加等操作。如图 8-16 所示。

⑥ MakeTable（制定计划类）：对应工人工号、产品名称、产品编号、工艺过程卡编号、工时、总加工件数等属性。可通过调用这个类，实现对制定的计划的输入、查询、修改、删除、拆分。如图 8-17 所示。

⑦ Worker（工人类）：对应工人基本信息，包括工号、工作状态，可通过调用这个类，获取工人的实时状态。如图 8-18 所示。

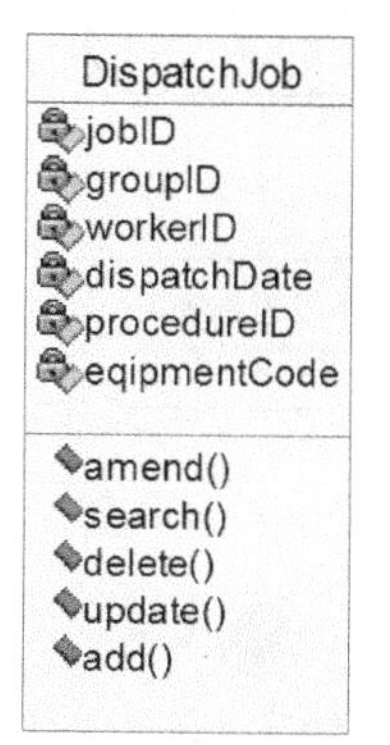

图 8-16　任务分派类

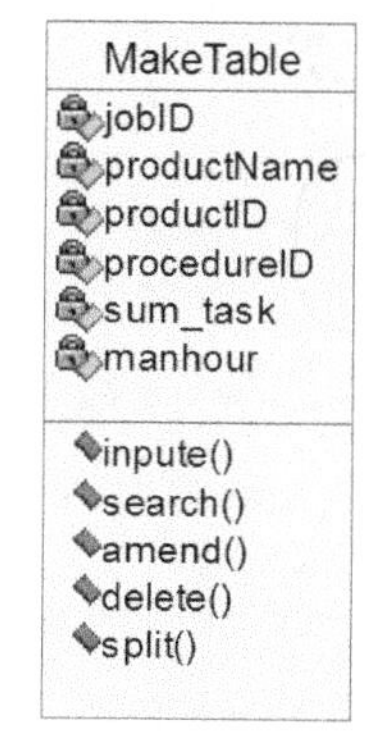

图 8-17　制定计划类

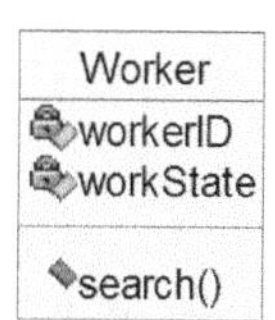

图 8-18　工人类

8.2 加工任务管理系统建模

8.2.1 加工任务管理系统活动图

(1) 任务分派活动图（图 8-19）

任务分派指计调员根据周生产计划，查看设备的状态或人员的状态，选择任务对应的设备或人员，完成任务的安排。填写工艺过程卡、首件检验卡、工票，下发安排的任务，打印任务对应的工艺过程卡、首件检验卡、工票。

(2) 例外情况下任务变更活动图（图 8-20）

例外情况下任务变更指计调员对生产过程中出现的例外情况及时处理并对例外情况下的任务进行重新安排，将重新安排的任务下发给相应的人员。

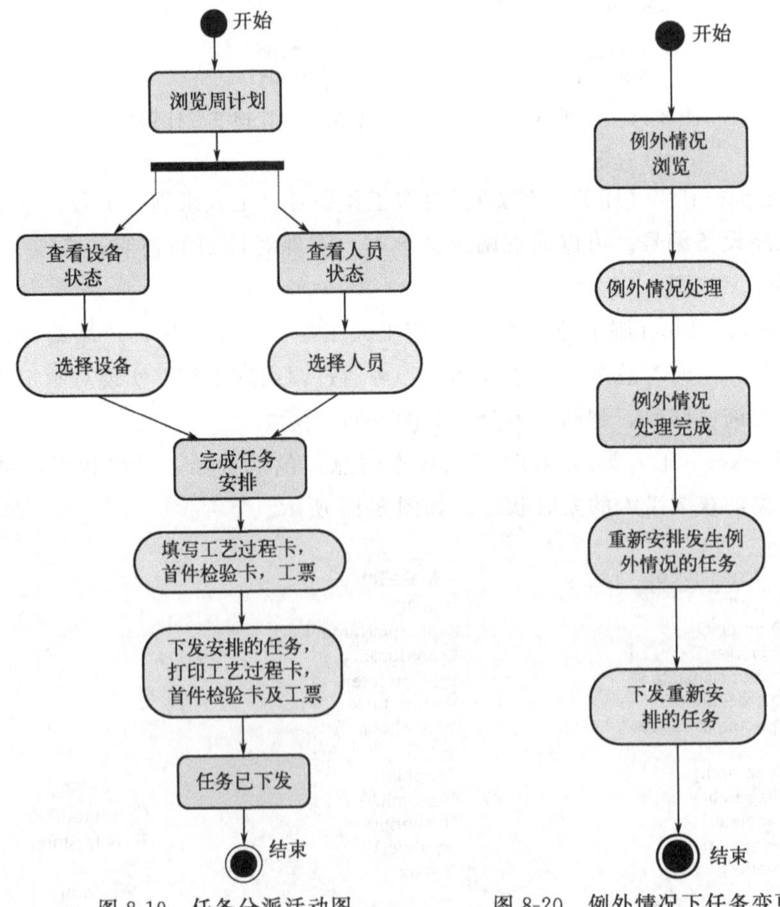

图 8-19　任务分派活动图　　图 8-20　例外情况下任务变更活动图

(3) 针对转批的任务变更活动图（图 8-21）

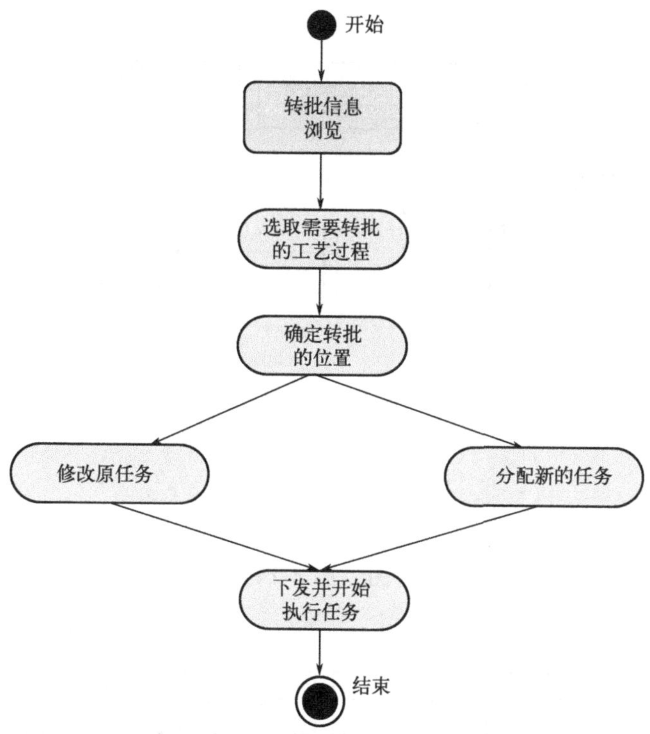

图 8-21　针对转批的任务变更活动图

8.2.2　加工任务管理系统时序图

(1) 任务分派时序图（图 8-22）

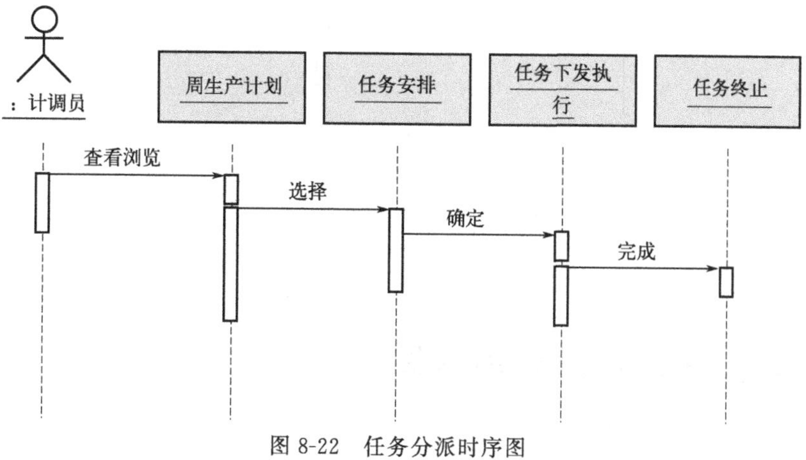

图 8-22　任务分派时序图

(2) 例外情况的任务变更时序图（图 8-23）

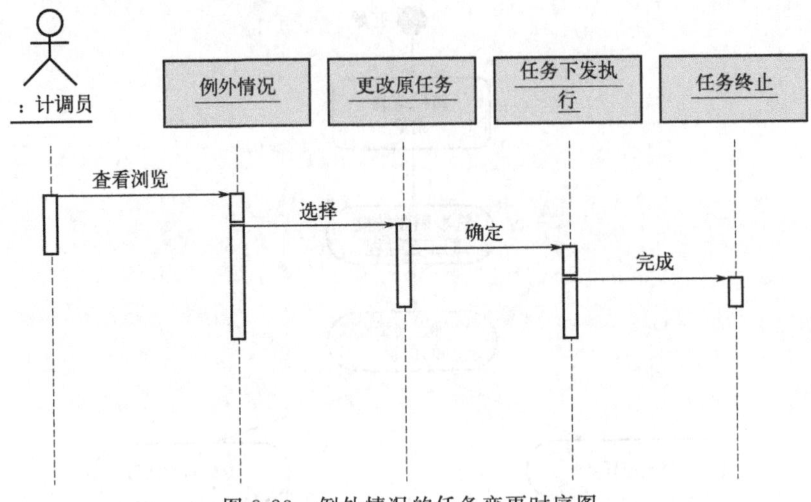

图 8-23　例外情况的任务变更时序图

(3) 针对转批的任务变更时序图（图 8-24）

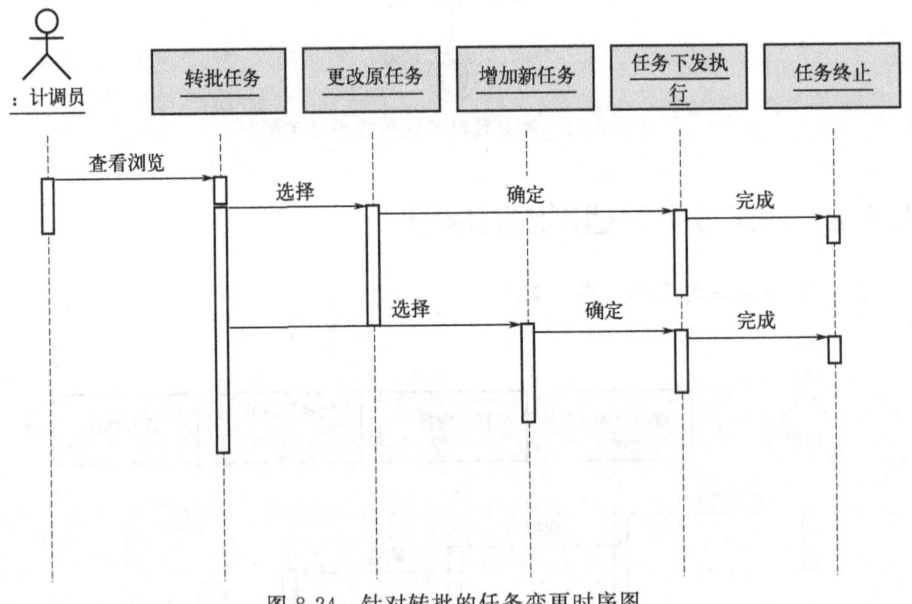

图 8-24　针对转批的任务变更时序图

8.2.3　加工任务管理系统类图

图 8-25 为加工管理类图。

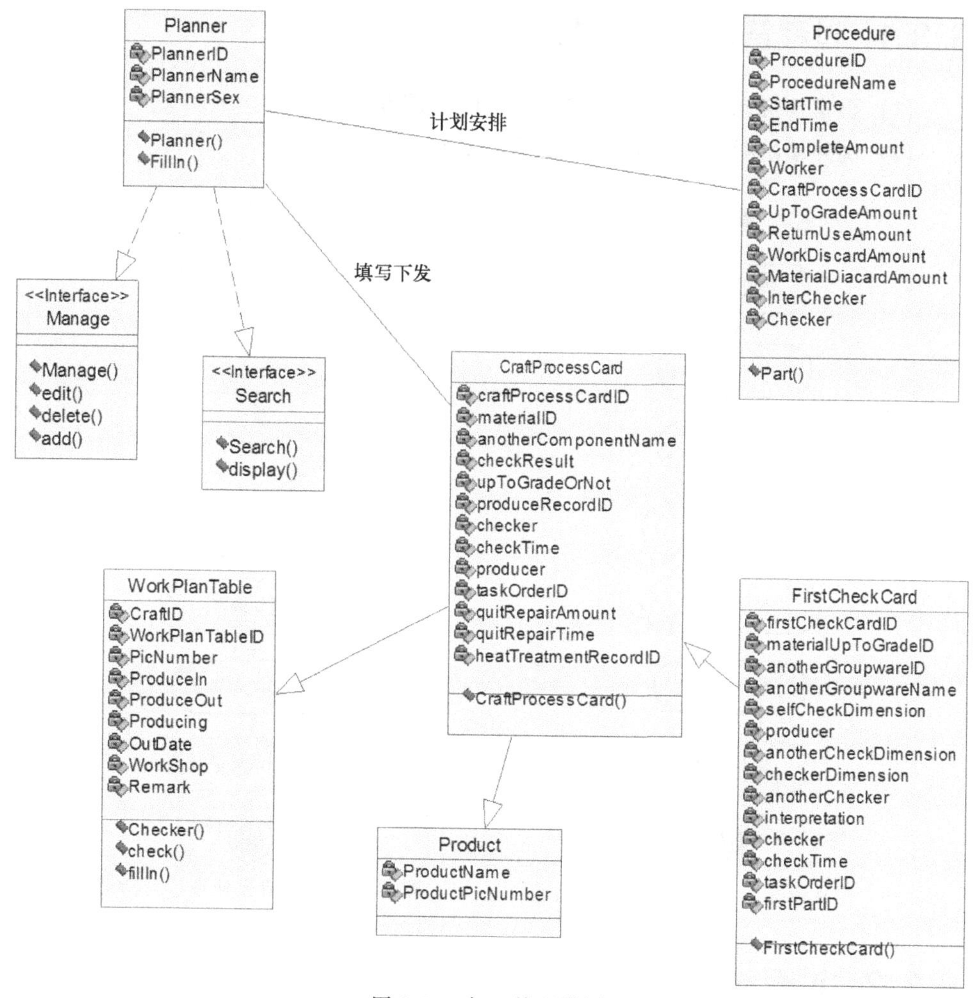

图 8-25　加工管理类图

8.3 过程管理系统建模

在过程管理系统中，通过监控生产过程，记录生产过程中的正常情况，如果出现例外情况，由相关人员做出处理并记录处理相关的信息。而生产过程中的正常情况记录则可提供信息，供有关人员通过一定的查询条件，查询详细生产进度。并可对生产进度进行可视化的查看和管理，并提供汇总及打印功能。并可通过适当的查询条件，查询并查看与某个产品相关的信息等。通过一系列的功能最终实现过程管理系统监控生产进度、查看生产进度与处理例外情况的目的。

8.3.1 过程管理系统活动图

(1) 正常情况单个工序加工过程活动图（图 8-26）

(2) 例外情况处理过程活动图（图 8-27）

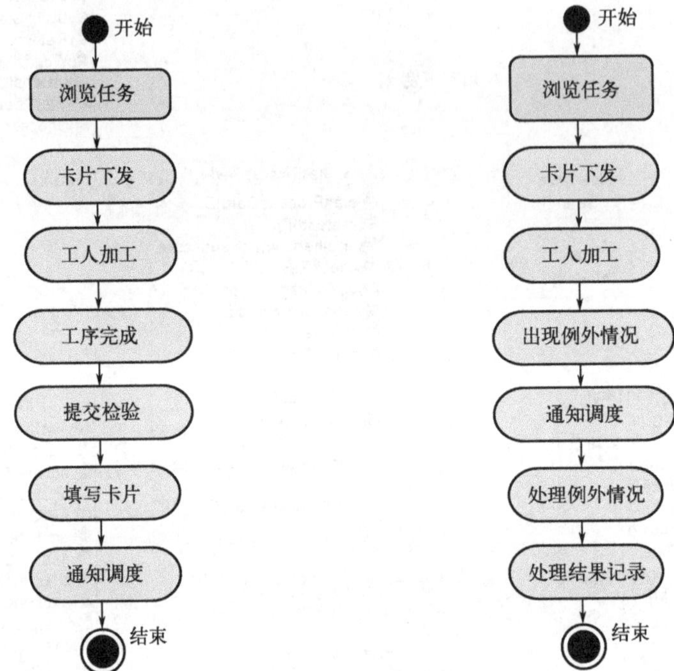

图 8-26　正常情况单个工序加工过程活动图　　图 8-27　例外情况处理过程活动图

8.3.2 过程管理系统时序图

(1) 正常情况单个工序加工过程时序图（图 8-28）

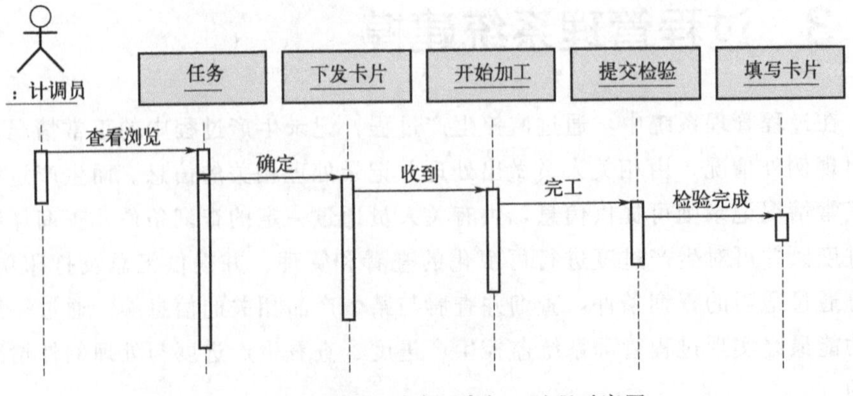

图 8-28　正常情况单个工序加工过程时序图

（2）单个工序例外情况处理时序图（图 8-29）

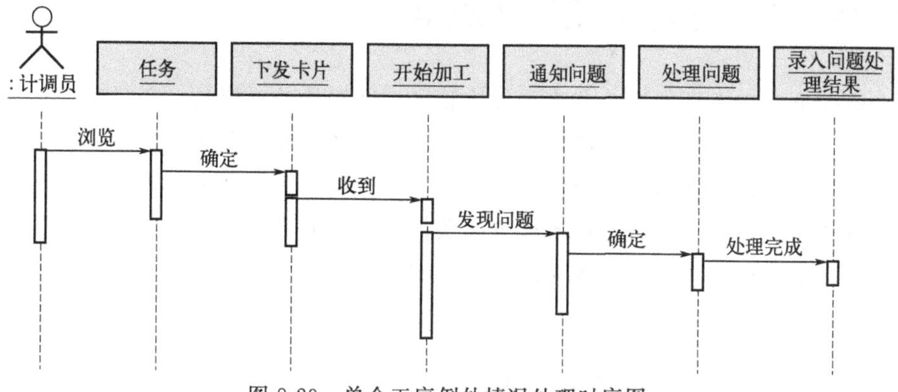

图 8-29　单个工序例外情况处理时序图

8.3.3　过程管理系统类图

图 8-30 为过程管理类图。

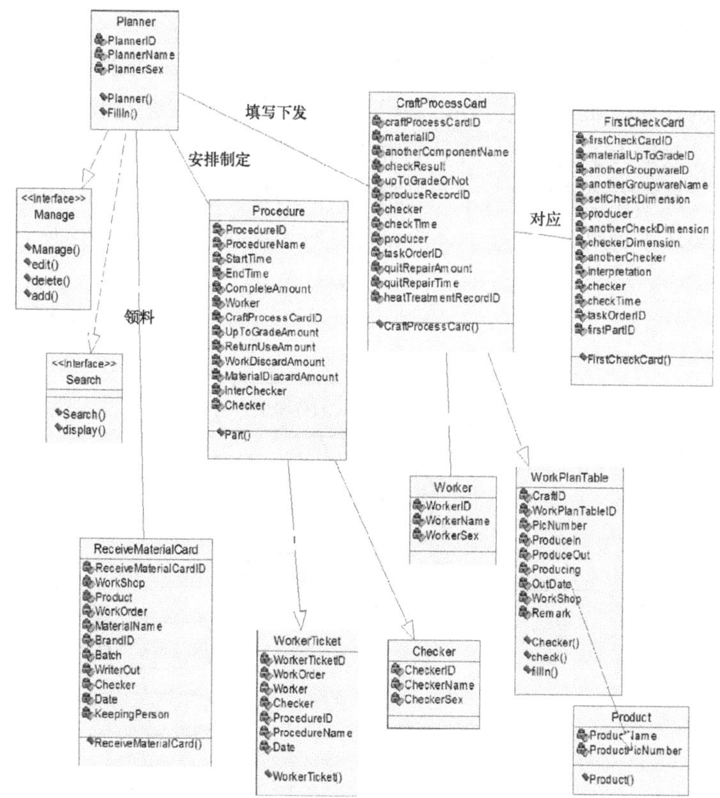

图 8-30　过程管理类图

8.4 质量管理系统建模

检验员对于零件的检验分为首件检验、工序级检验、终检。通过将零件检验的结果及相关信息录入，并做处理和分析，为任务进度的监控提供依据，为质量相关人员提供管理和协调以及做出各种变动的依据与可靠参考，可及时了解到产品质量的相关信息，并可通过各种查询条件对产品质量进行相关详细信息的查询及汇总，从而通过本系统实现对产品质量的管理、查询及反馈等功能，最终保证加工质量。

8.4.1 质量控制系统活动图

(1) 检验材料相关信息

计调员在将料领到车间后，进行任务分派即工艺过程卡下发之前，检验员要对计调员在工艺过程卡上相关信息进行检验核查，检验合格后将在工艺过程卡上盖章。如图 8-31 所示。

(2) 检验零件

当检验员接到待检验的零件后，按照零件的加工数量是否大于等于三件，来分别做出不同的处理，如果不足三件，进行检验后，填写完工艺过程卡，检验即结束。如果零件加工数量大于或等于三件，则要对首件进行首件检验，并填写首件检验卡，而非首件的零件则在检验后填写工艺过程卡。如果整个零件加工完工后进行终检，终检合格的结果填于材料合格证上，不合格的进行相关处理。如图 8-32 所示。

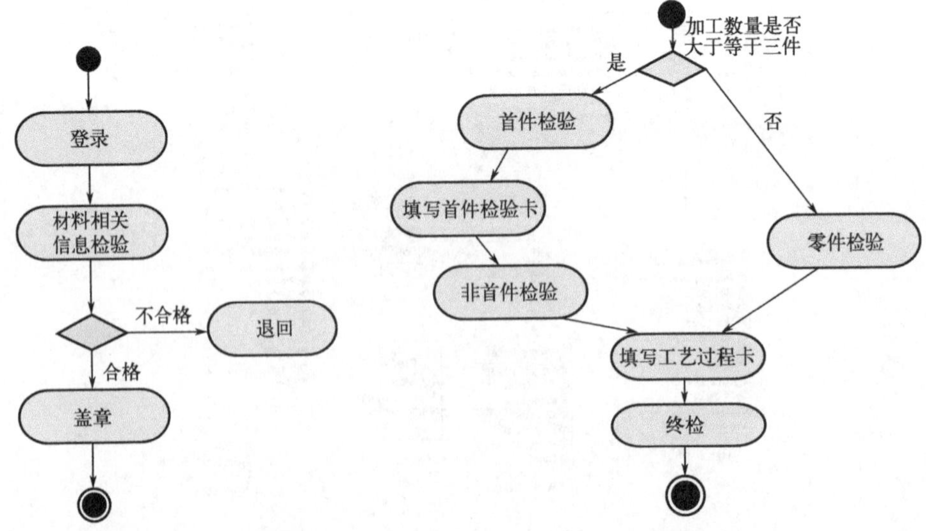

图 8-31 检验材料相关信息活动图

图 8-32 检验零件活动图

(3) 管理质量信息活动图

相关人员可对质量信息进行查询、修改、汇总等操作。如果相关工作人员要对产品质量信息进行查询，则首先输入查询条件，即可查询，系统会返回查询的结果供查询者浏览，如果查询者希望获得质量信息的汇总结果，则可点击汇总按钮，系统将对质量信息进行汇总并输出，供查询者浏览。对质量信息的修改只能由检验员进行。如图 8-33 所示。

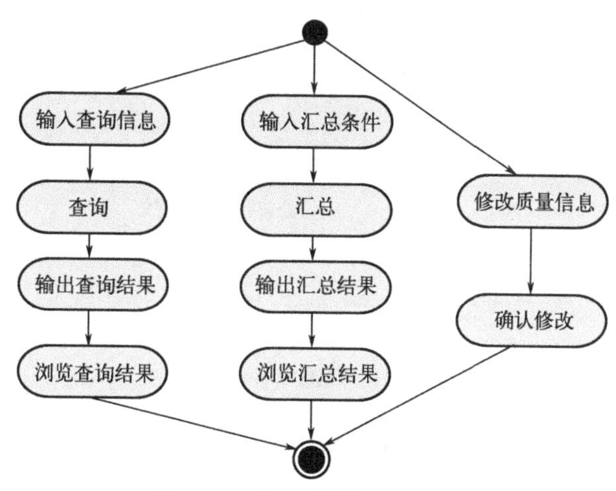

图 8-33　管理质量信息活动图

8.4.2 质量控制系统时序图

(1) 检验材料相关信息时序图（图 8-34）

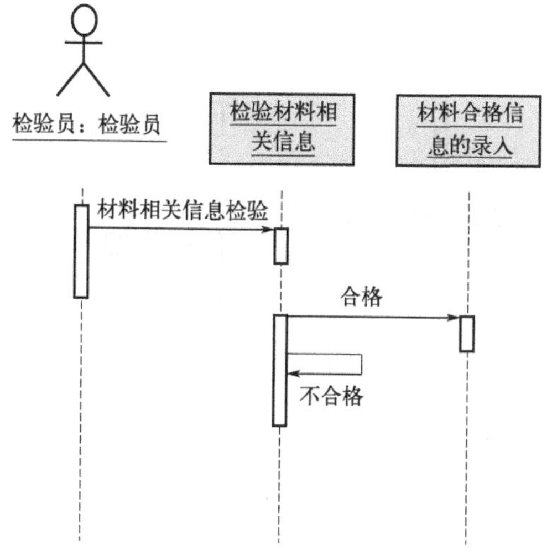

图 8-34　检验材料相关信息时序图

（2）检验零件时序图（图 8-35）

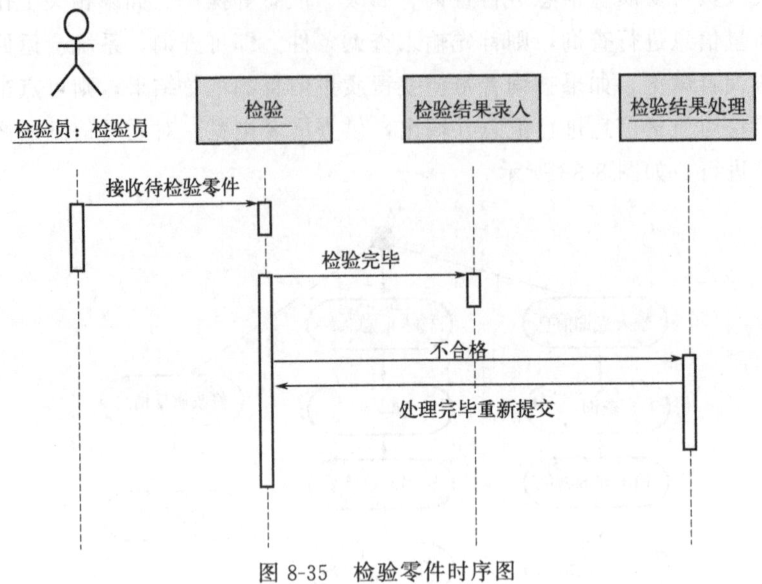

图 8-35　检验零件时序图

（3）管理质量信息时序图（图 8-36）

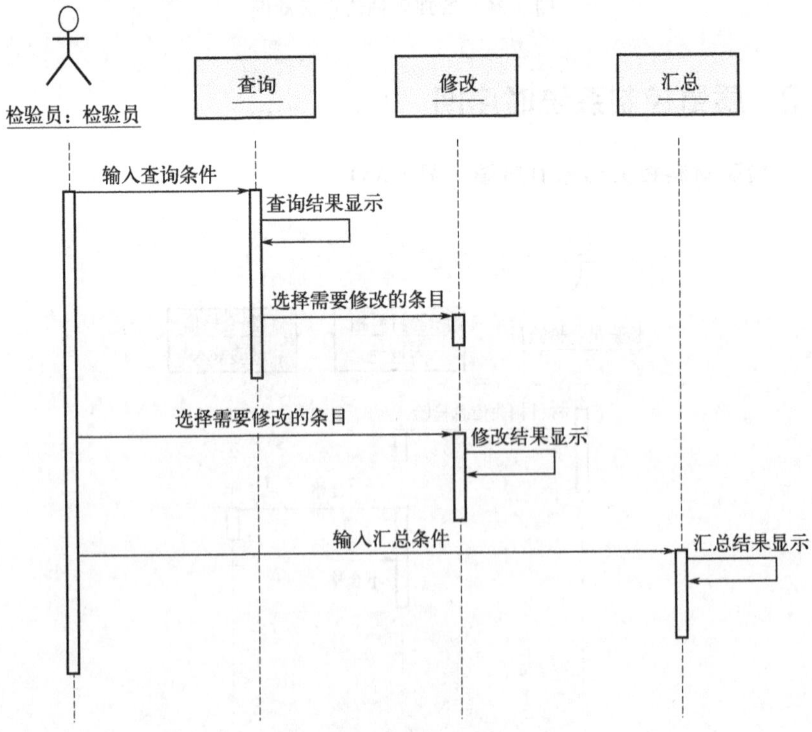

图 8-36　管理质量信息时序图

8.4.3　质量控制系统类图

图 8-37 为质量控制类图。

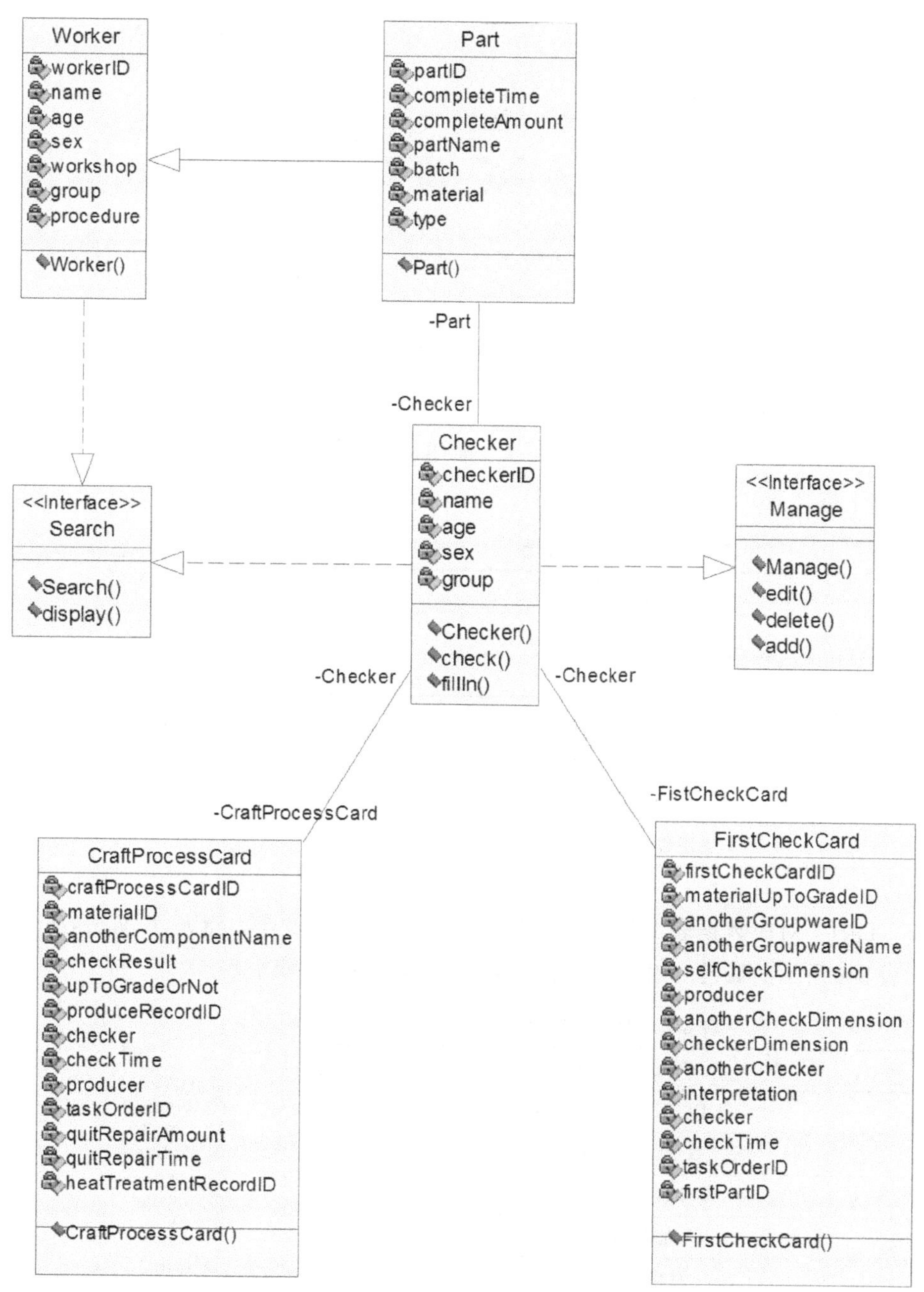

图 8-37　质量控制类图

(1) 实用类总览(图 8-38)

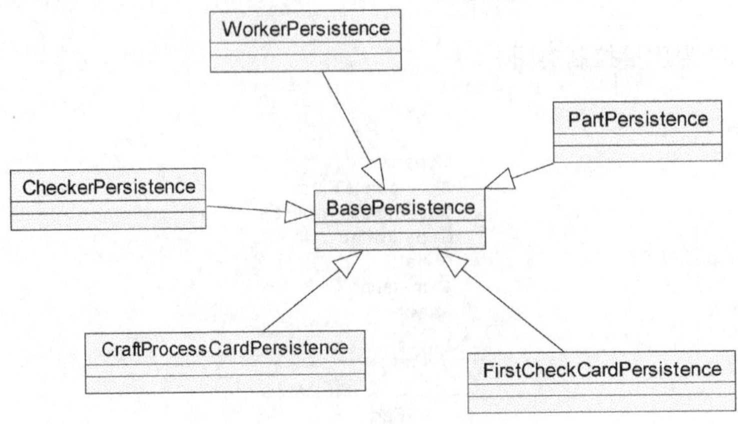

图 8-38 实用类总览

(2) 模型类

Worker：对应数据表 WORKER，描述了工人的属性，包括表 8-1 所示属性(对应于数据表)，图 8-39 为工人类。

表 8-1 Worker 类属性

工人编号(workerID)
姓名(name)
年龄(age)
性别(sex)
车间(workshop)
小组(group)
工序名称(procedure)

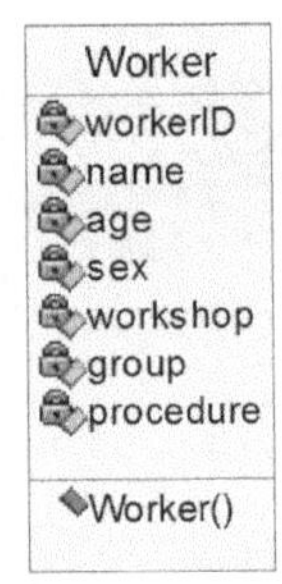

图 8-39 工人类

Part：对应数据表 PART，是描述零件相关属性的类，继承了 Worker，包括表 8-2 所示的属性(对应于数据表)，图 8-40 为零件类。

表 8-2 Part 类属性

零件编号(partID)
完工时间(completeTime)
完工数量(completeAmount)
零件名称(partName)
批次(batch)
材料(material)
型号(type)

图 8-40 零件类

Checker：对应数据表 CHECKER，Checker 类是对检验员的一个抽象，其与 Part 类存在检验的关联，并且继承了 Utility 与 Search 类，包括表 8-3 所示属性（对应于数据表），图 8-41 为检验员类。

表 8-3　Checker 类属性

检验员编号(checkerID)
姓名(name)
年龄(age)
性别(sex)
小组(group)

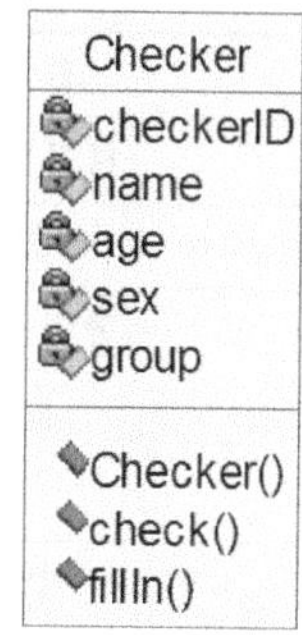

图 8-41　检验员类

CraftProcessCard：对应数据表 CRAFT _ PROCESS _ CARD，此类是工艺过程卡的抽象，与 Checker 类存在填写的关联，并且可能还存在被依赖的关系，其属性如表 8-4 所示（对应于数据表），图 8-42 为工艺过程卡类。

表 8-4　CraftProcessCard 类属性

工艺过程卡号(craftProcessCardID)
材料牌号(materialID)
零部件名称(anotherComponentName)
检验结果(checkResult)
合格否(upToGradeOrNot)
生产履历卡号(produceRecordID)
检验员(checker)
检验时间(checkTime)
加工者(producer)
工作令号(taskOrderID)
退修数量(quitRepairAmount)
退修工时(quitRepairTime)
热处理记录单号(heatTreatmentRecordID)

图 8-42　工艺过程卡类

FirstCheckCard：对应数据表 FIRST _ CHECK _ CARD，是首件检验卡的抽象，描述了首件检验卡的属性及功能，与 Checker 存在填写的关联，也可能被 Checker 所依赖，其属性如表 8-5 所示（对应于数据表），图 8-43 为首件检验卡类。

表 8-5　FirstCheckCard 类属性

首件检验卡号(firstCheckCardID)
材料合格证号(materialUpToGradeID)
零组件图号(anotherGroupwareID)
零组件名称(anotherGroupwareName)
自检测量尺寸(selfCheckDimension)
加工者(producer)
互检测量尺寸(anotherCheckDimension)
检验员测量尺寸(checkerDimension)
互检者(anotherChecker)
说明(interpretation)
检验员(checker)
检验时间(checkTime)
工作令号(taskOrderID)
首件编号(firstPartID)

图 8-43　首件检验卡类

(3) 实用类

BasePersistence：所有 XXXPersistence 的基类，提供创建 Session 的方法 openSession()，如图 8-44 所示。

WorkerPersistence：负责持久化创建、删除、更新 Worker 对象。如图 8-45 所示。

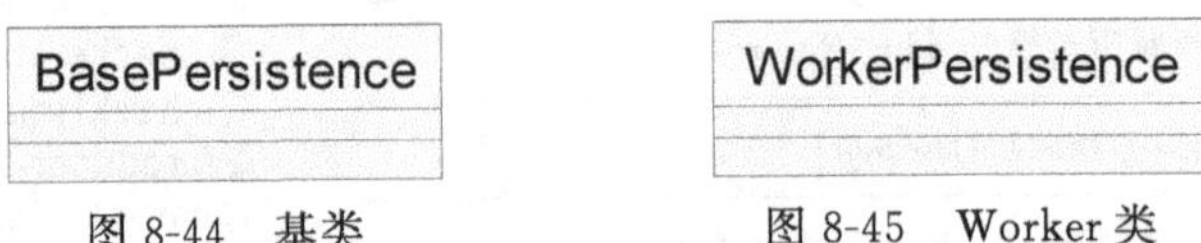

图 8-44　基类　　图 8-45　Worker 类

PartPersistence：负责持久化创建、删除、更新 Part 对象。如图 8-46 所示。

CheckerPersistence：负责持久化创建、删除、更新 Checker 对象。如图 8-47 所示。

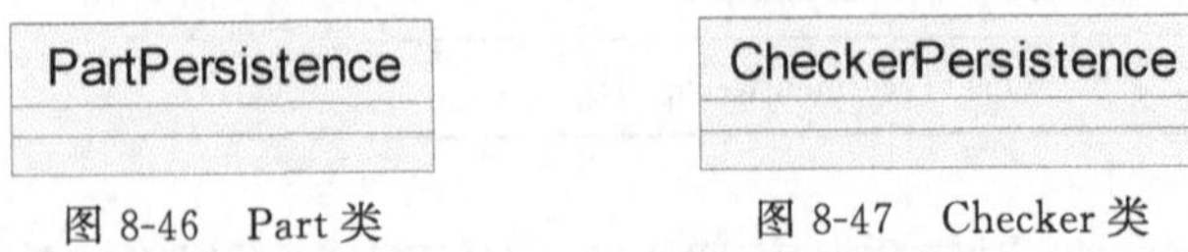

图 8-46　Part 类　　图 8-47　Checker 类

FirstCheckCardPersistence：负责持久化创建、删除、更新 FirstCheckCard 对象。如图 8-48 所示。

CraftProcessCardPersistence：负责持久化创建、删除、更新 CraftProcessCard 对象。如图 8-49 所示。

图 8-48　FirstCheckCard 类　　图 8-49　CraftProcessCard 类

(4) 接口

Manage：用于实现对质量信息的增、删、改等管理操作，被 Checker 类所实现。如图 8-50 所示。

Search：用于实现对质量及相关信息记录的查询及显示，被 Checker 和 Worker 类所实现。如图 8-51 所示。

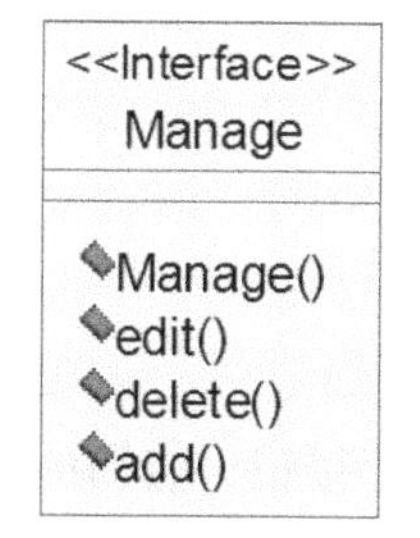

图 8-50　接口 Manage 类

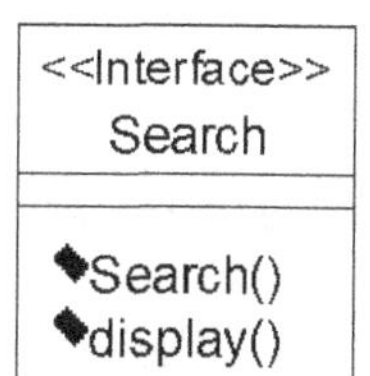

图 8-51　接口 Search 类

8.5　物料管理系统建模

物料管理系统通过对物料的出、入库登记和库存的管理，提供物料使用情况的历史记录和物料的库存信息，来达到合理利用资源，保证生产的正常进行。

8.5.1　物料管理系统活动图

物料入库登记时，管理员先要登录系统，然后选择入库登记的功能，之后是录入入库信息，生成入库记录，经确认后退出系统。如图 8-52 所示。

物料出库登记时，管理员先要登录系统，然后选择出库登记的功能，之后是录入材料出库的信息，生成出库记录，经确认后退出系统。如图 8-53 所示。

管理员登录系统后，选择查询功能，再选择查询方式，查询分为入库记录查询、出库记录查询和库存信息查询，确定结果后退出系统。如图 8-54 所示。

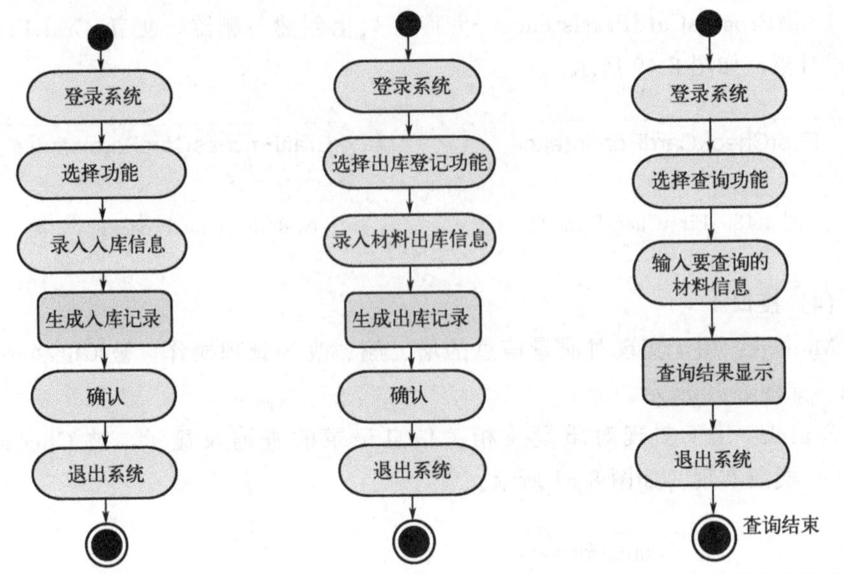

图 8-52　入库登记的活动图　图 8-53　出库登记的活动图　图 8-54　材料查询的活动图

8.5.2 物料管理系统时序图

图 8-55～图 8-57 分别为物料入库登记、出库登记、查询的时序图。

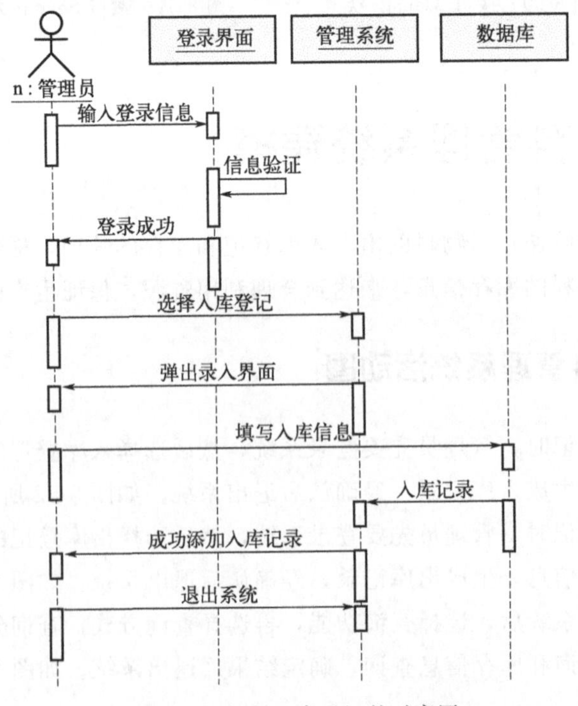

图 8-55　物料入库登记的时序图

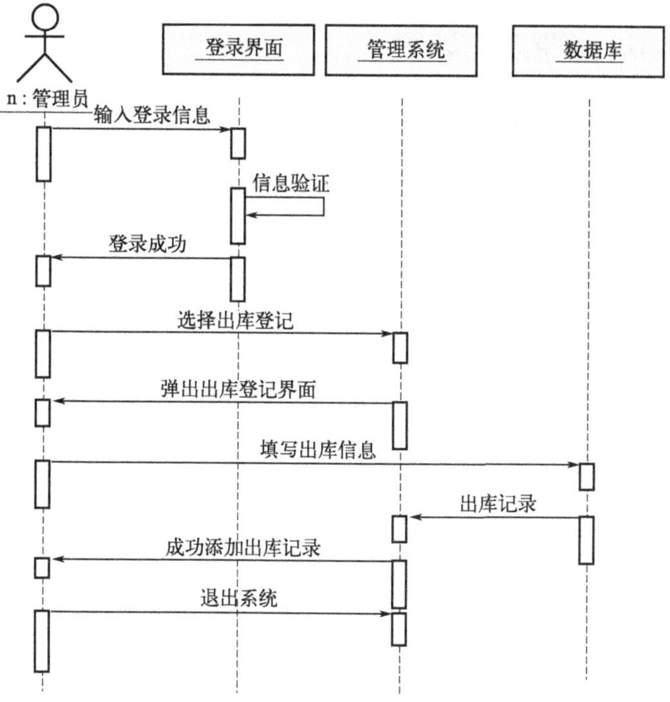

图 8-56　物料出库登记的时序图

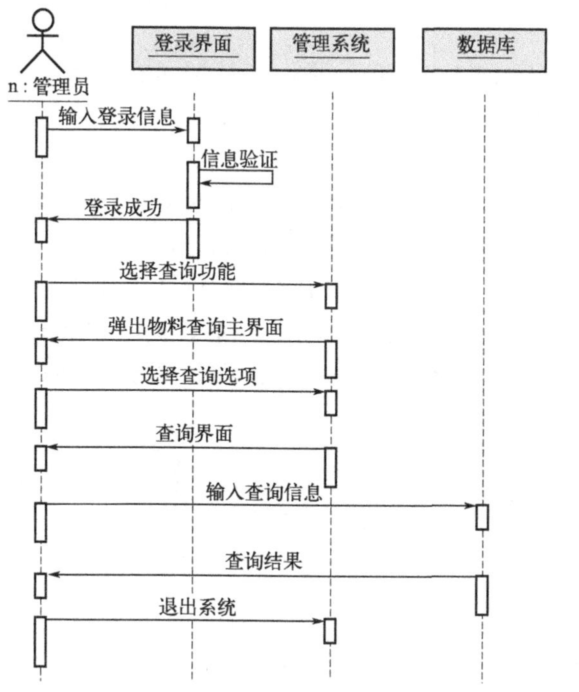

图 8-57　物料查询的时序图

8.5.3 物料管理系统类图

图 8-58 为物料管理系统类图。

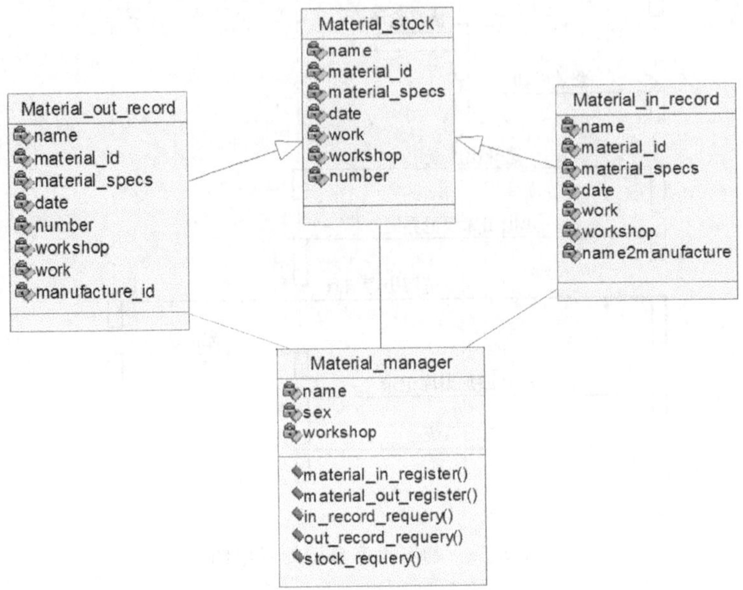

图 8-58 物料管理系统类图

主要的类是 Material_manager 类，其与 Material_in_record 类、Material_out_record 类和 Material_stock 类之间存在着关联关系。

Material_in_record 记录了物料的入库信息，与出库记录一起构成了物料的库存信息，它与 Material_stock 类之间是泛化的关系，如图 8-59 所示。

Material_out_record 类记录了物料的出库信息，与 Material_in_record 类一起构成物料的库存信息，与 Material_stock 类之间是泛化的关系。如图 8-60 所示。

Material_stock 类记录了物料的库存信息，是由 Material_out_record 类与 Material_in_record 类一起构成的，与这两个类之间存在着泛化的关联。如图 8-61 所示。

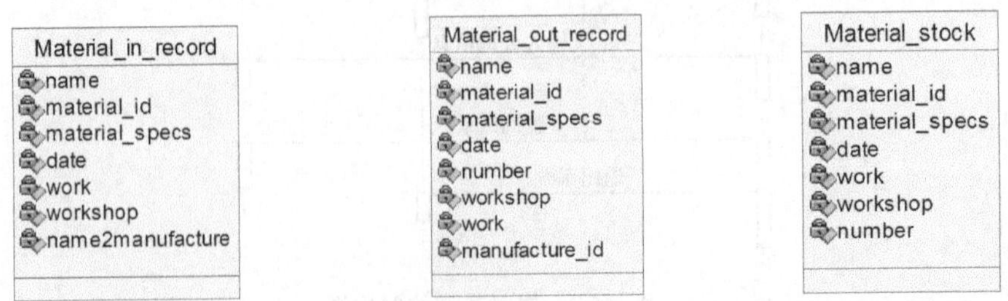

图 8-59 Material_in_record 类　图 8-60 Material_out_record 类　图 8-61 Material_stock 类

8.6　设备管理系统建模

设备管理系统实现的目标是：要求设备管理员对设备进行维修登记、保养登记，并能够实现对设备的维修记录、保养记录及设备目前状况的实时查询功能。

8.6.1　设备管理系统活动图

当设备的日常检修出现问题时要进行设备的维修，管理员要对设备进行维修记录登记，登记设备的代码、设备名称、维修台数、维修级别、维修日期、更换零件名称、更换零件规格、更换零件数量、维修原因、维修人员姓名等。如图 8-62 所示。

进行设备保养时，管理员要进行设备的保养登记，登记设备的代码、设备名称、保养级别、保养内容、保养日期、保养人员姓名等。如图 8-63 所示。

按条件进行设备查询时，可以查询维修记录、保养记录和设备目前的状态信息。如图 8-64 所示。

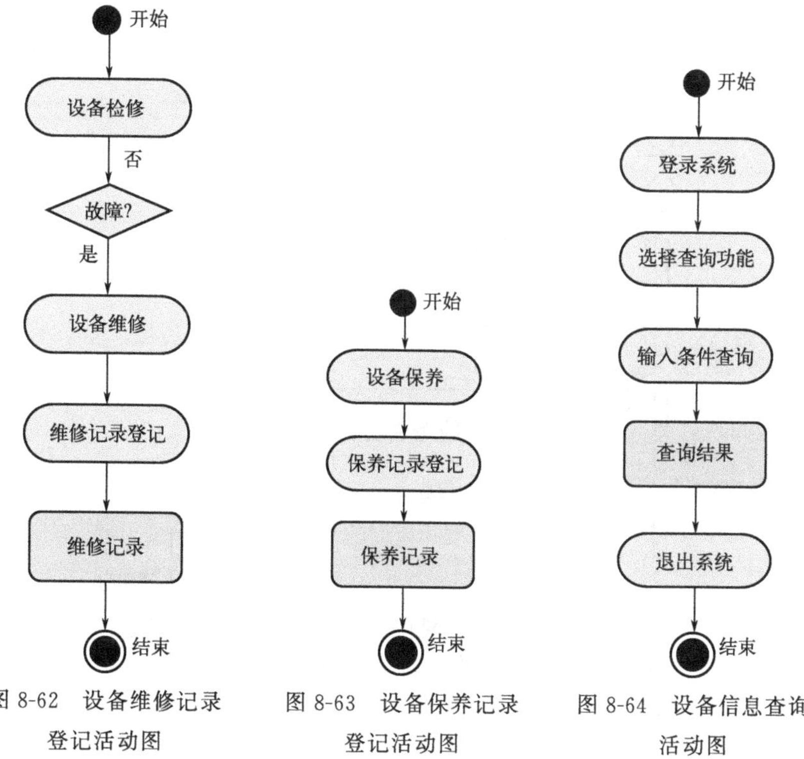

图 8-62　设备维修记录登记活动图

图 8-63　设备保养记录登记活动图

图 8-64　设备信息查询活动图

8.6.2 设备管理系统时序图

图 8-65～图 8-67 分别为设备维修记录登记、设备保养记录登记、设备查询的时序图。

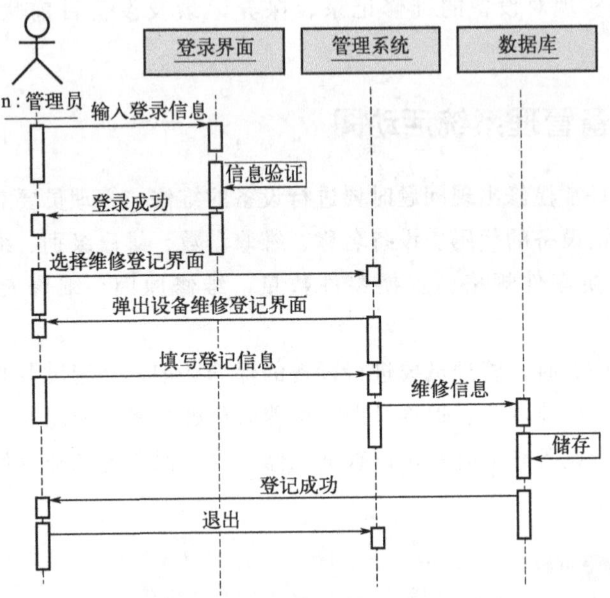

图 8-65　设备维修记录登记的时序图

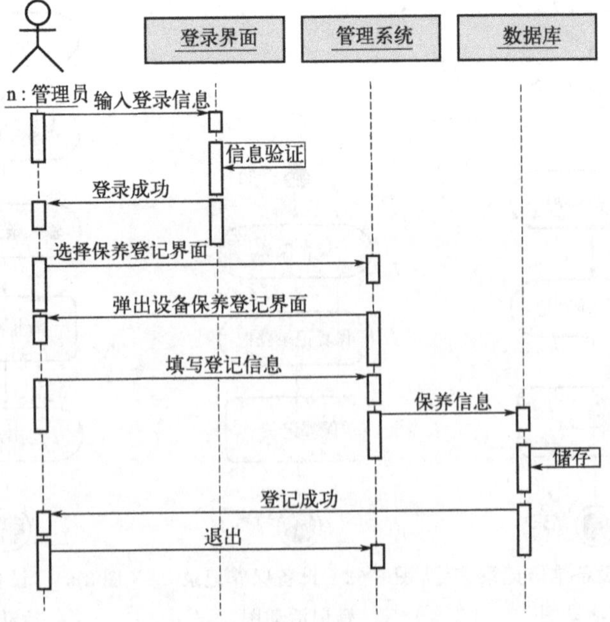

图 8-66　设备保养记录登记的时序图

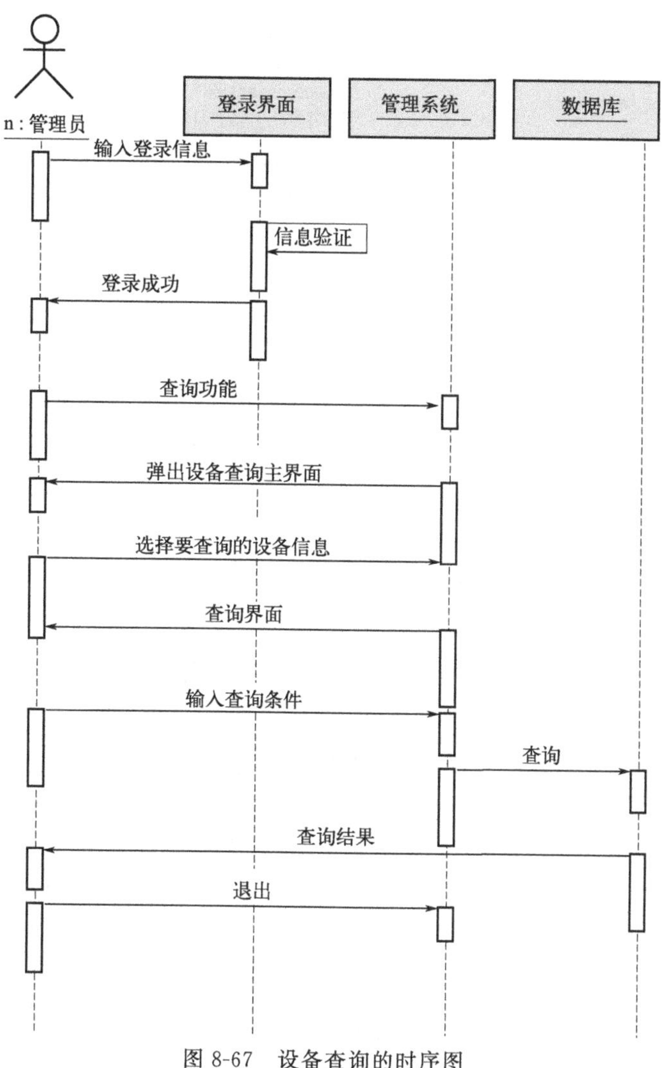

图 8-67　设备查询的时序图

8.6.3　设备管理系统类图

图 8-68 为设备管理系统类图。

Maintainace_record 类记录了设备的保养信息，Manager 类实现对它的登记和查询功能。如图 8-69 所示。

State 类记录了设备的状态信息，Manager 类实现对它的查询功能。如图 8-70 所示。

Service_record 类记录了设备的维修信息，Manager 类实现对它的登记和查询功能。如图 8-71 所示。

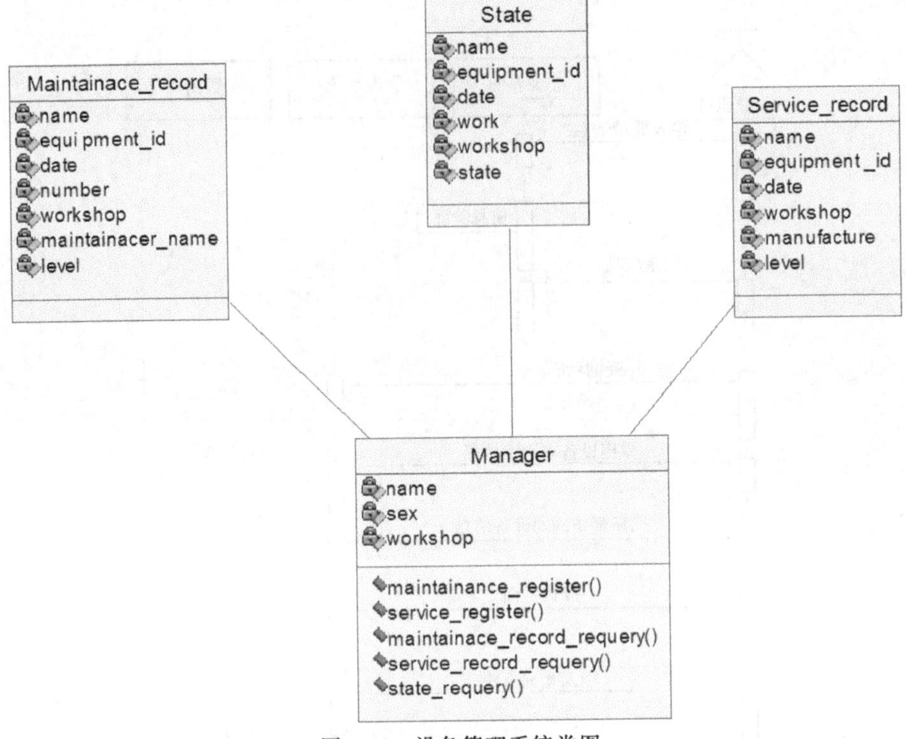

图 8-68　设备管理系统类图

Maintainace_record
name
equi pment_id
date
number
workshop
maintainacer_name
level

图 8-69　Maintainace_record 类

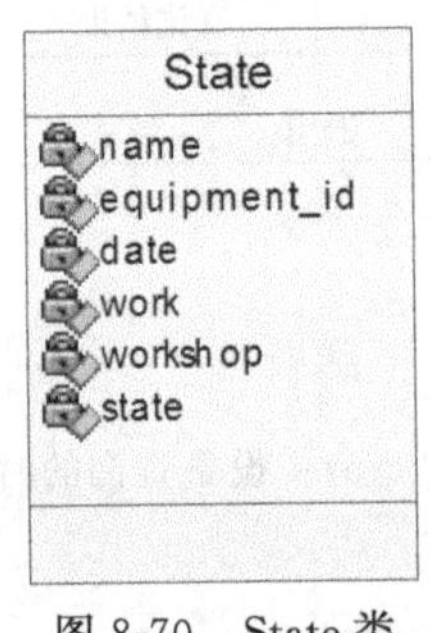

图 8-70　State 类

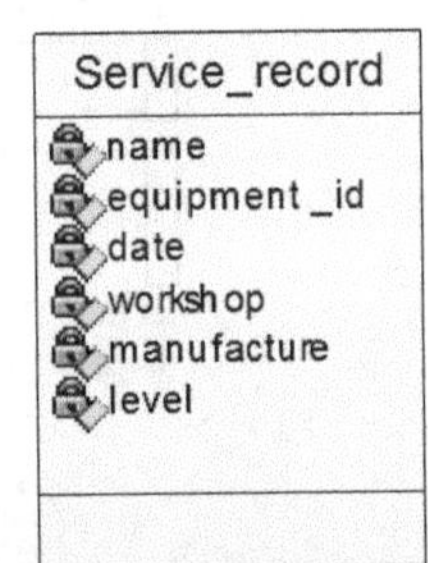

图 8-71　Service-record 类

8.7　文档管理系统建模

文档管理系统通过对车间生产相关的工艺文件及其他文档的管理（包括文档的借阅登记、归还登记、新文档的入库登记、文档更改记录确认），实现对文档信息的实时查询，为生产做好准备，提高车间的生产效率。

8.7.1　文档管理系统活动图

（1）文档借阅登记的活动图（图 8-72）

相关人员借阅文档时，管理员登记借阅信息，即借阅人姓名、借阅日期、借阅期限、文档的基本信息，并生成文档的借阅记录。

（2）文档归还登记的活动图（图 8-73）

图 8-72　文档借阅登记的活动图　　图 8-73　文档归还登记的活动图

当借阅人员归还文档时，文档管理员进行文档的归还进行登记，登记归还人员姓名、归还日期、文档信息，并消除此文档的借阅记录。

（3）新文档入库的活动图（图 8-74）

有新文档入库时，管理员登记新文档的入库信息，包括入库时间、入库单位、文档信息，同时将文档信息添加到库存信息里。

（4）文档更改确认活动图（图 8-75）

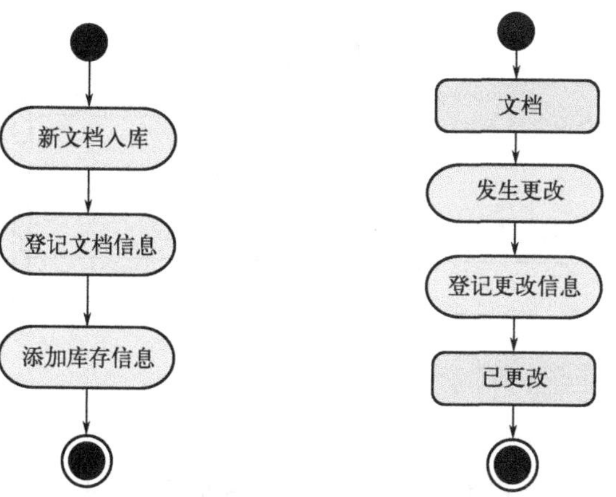

图 8-74　新文档入库的活动图　　图 8-75　文档更改确认活动图

当文档更改时，文档管理员需要确认车间的文档是否也已经更改过，只需要确认文档是否也更改，可记录更改的日期和更改人员姓名等信息。

(5) 文档查询活动图（图 8-76）

查询文档是否在库和文档的更改，查询文档是否在库时，若文档不在库则可以显示文档的借出信息（借阅人员、借阅日期、应归还日期等），文档更改的查询只需确认文档是否已经更改。

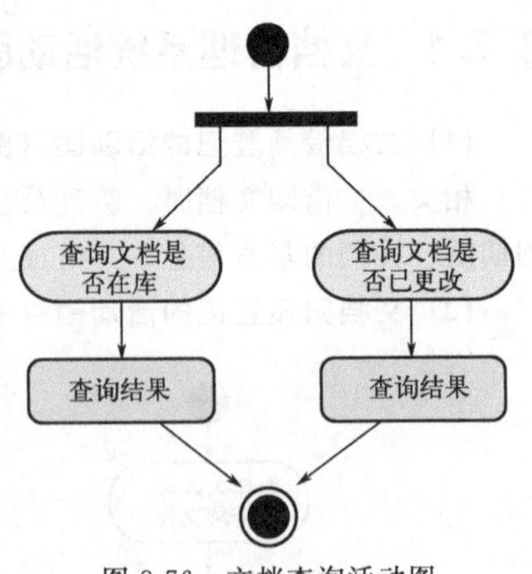

图 8-76　文档查询活动图

8.7.2　文档管理系统时序图

图 8-77～图 8-79 分别为设备维修记录登记、设备保养记录登记、设备查询的时序图。

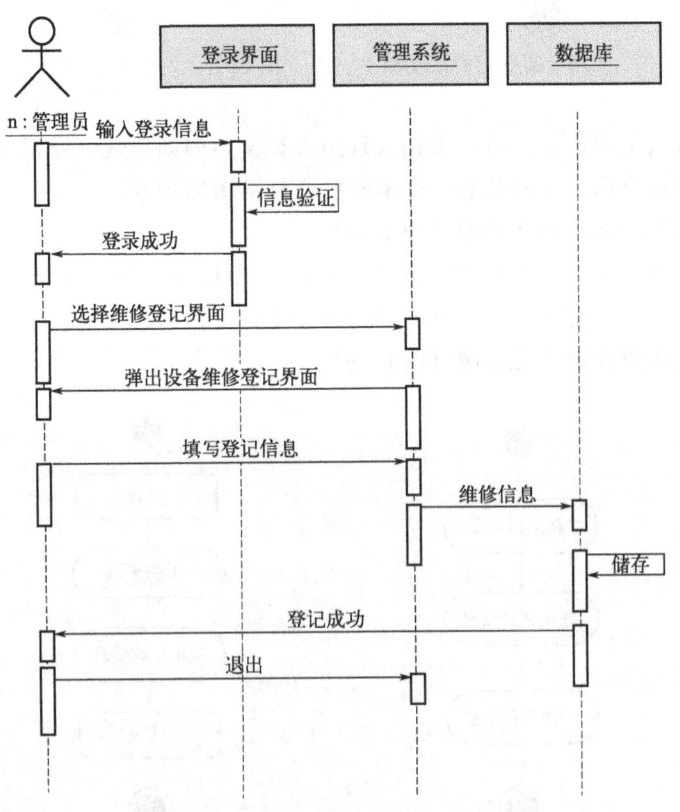

图 8-77　设备维修记录登记的时序图

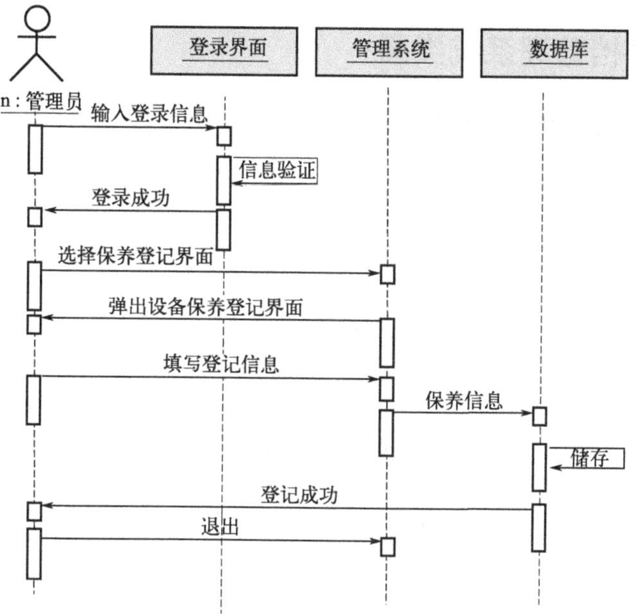

图 8-78 设备保养记录登记的时序图

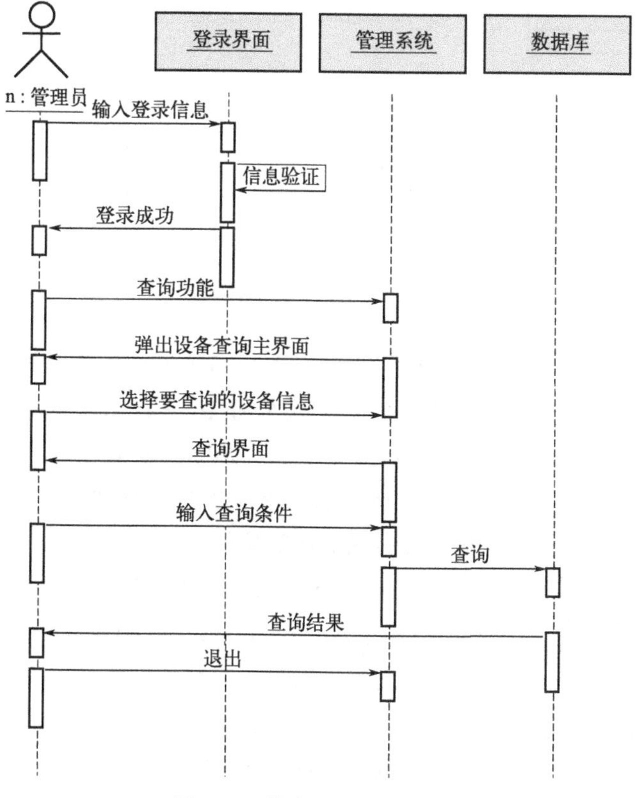

图 8-79 设备查询的时序图

8.7.3 文档管理系统类图

图 8-80 为文档管理系统类图。

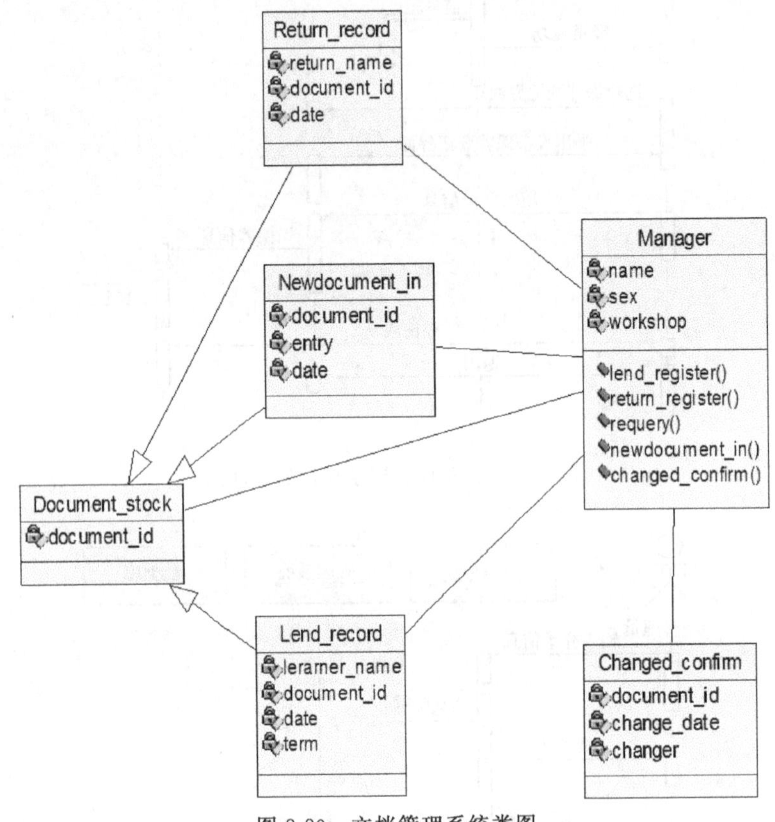

图 8-80　文档管理系统类图

该系统有 5 个基本类，其中主要的是 Manager 类，如图 8-81 所示。它把其余的几个基本类联系在一起，对 Return_record 类、Lend_record 类、Newdocument_in 类实现登记功能，对 Document_stock 类实现查询功能，对 Changed_confirm 类实现确认的功能。

Manager
name
sex
workshop
lend_register()
return_register()
requery()
newdocument_in()
changed_confirm()

图 8-81　Manager 类

Document_stock 类是由 Return_record 类、Lend_record 类、Newdocument_in 类构成的，它们之间存在泛化的关系，由此 3 个类可以得到 Document_stock 类的信息。如图 8-82 所示。

Changed_confirm 类与 Manager 类之间存在着关联，前者实现对后者的确认。如图 8-83 所示。

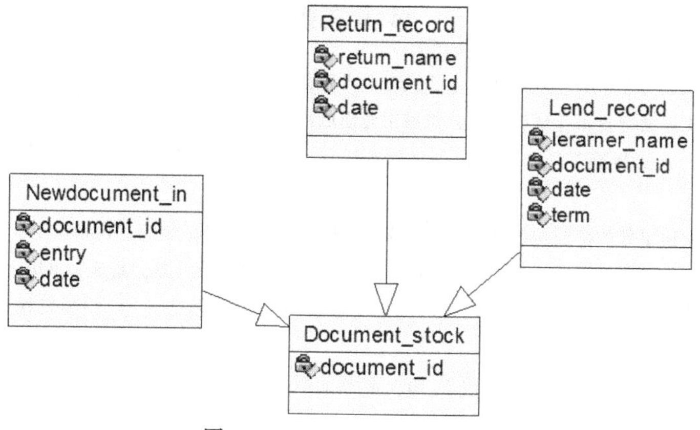

图 8-82　Document_stock 类

Newdocument_in 类如图 8-84 所示。

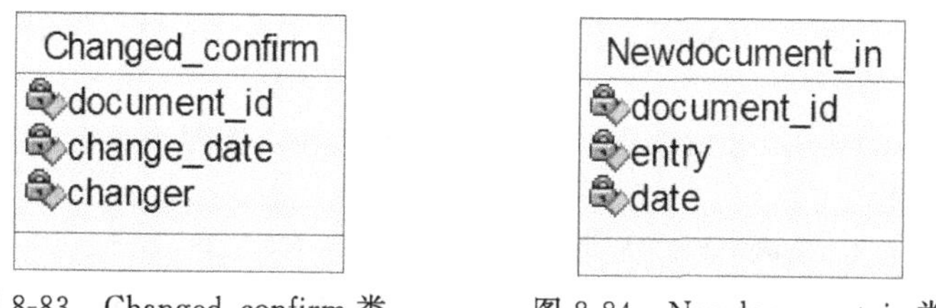

图 8-83　Changed_confirm 类　　图 8-84　Newdocument_in 类

Return_record 类与 Document_stock 类和 Manager 类之间存在着关联，与前者之间是泛化的关系，后者实现对它的登记。如图 8-85 所示。

Lend_record 类与 Document_stock 类和 Manager 类之间存在着关联，与前者之间是泛化的关系，后者实现对它的登记。如图 8-86 所示。

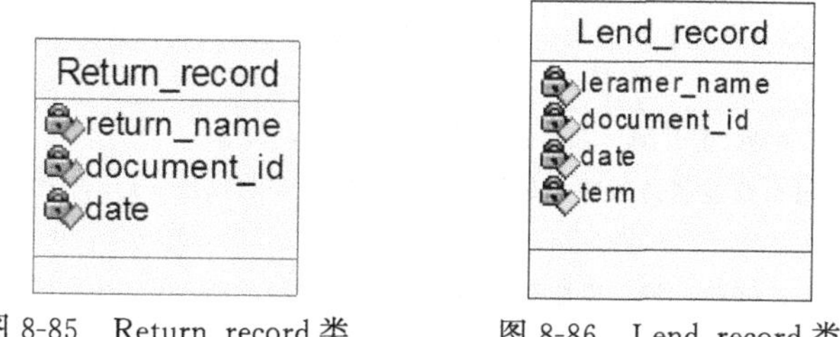

图 8-85　Return_record 类　　图 8-86　Lend_record 类

参考文献

[1] 戴庆辉．先进制造系统［M］．北京：机械工业出版社，2019.

[2] 王隆太．先进制造技术［M］．北京：机械工业出版社，2017.

[3] 王汝林．“敏捷制造”是制造业信息化的本质要求［J］．CAD/CAM 与制造业信息化．2007，7：16-18.

[4] 李亚白．面向服务的协同制造执行系统集成与重构技术研究［J］．南京：南京航空航天大学，2007.

[5] 龙跃．基于服务型制造的汽车零部件供应商服务博弈及优化研究［D］．重庆：重庆大学，2010.

[6] 孙林岩，李刚，江志斌，等．21 世纪的先进制造模式-服务型制造［J］．中国机械工程，2007，18（19）：2307-2312.

[7] 李伯虎，张霖，王时龙，等．云制造-面向服务的网络化制造新模式［J］．计算机集成制造系统，2010，16（1）：1-6.

[8] 任磊，张霖，张雅彬，等．云制造资源虚拟化研究［Z］．2011：17，511-518.

[9] 周济．智能制造-中国制造 2025 主攻方向［J］．中国机械工程，2015，26（17）：2273-2284.

[10] 段韶波．智能制造关键领域及其热点研究［D］．天津：天津大学，2017.

[11] 张映锋，张党，任杉．智能制造及其关键技术研究现状与趋势综述［J］．机械科学与技术，2018：1-11.

[12] 陈靖元．基于工业 4.0 思想的某企业信息化与工业化深度融合规划与建设研究［D］．杭州：浙江工业大学，2015.

[13] 安筱鹏．工业 4.0 与制造业的未来［J］．浙江经济，2015（05）：19-21.

[14] 丁纯，李君扬．德国“工业 4.0”：内容、动因与前景及其启示［J］．德国研究，2014（04）：49-66.

[15] 田野．“中国制造 2025”背景下我国汽车产业面临的知识产权壁垒及应对研究［D］．杭州：中国计量大学，2016.

[16] 赵越．美国《智能制造决策者指南》对上海制造业发展的启示［J］．科学发展，2017（10）：38-42.

[17] 林利民．“第三次工业革命浪潮”及其国际政治影响［J］．现代国际关系，2013（05）：10-16.

[18] 王媛媛．智能制造领域研究现状及未来趋势分析［J］．工业经济论坛，2016，3（5）：530-537.

[19] 装备工业司．工业和信息化部启动 2015 年智能制造试点示范专项行动［EB/OL］．北京：中华人民共和国工业和信息化部．2015-3-18［2015-12-28］.

[20] 周济．智能制造——“中国制造 2025”的主攻方向［J］．中国机械工程，2015，26（17）：2273-2284.

[21] 陈明，等．智能制造之路［M］．北京：机械工业出版社，2016.

[22] 魏仕杰．发达国家智能制造战略比较研究——从典型企业视角［J］．中国战略新兴产业，2017（29）：24-26.

[23] 卢秉恒，邵新宇，张俊，等．离散型制造智能工厂发展战略［J］．中国工程科学，2018（04）：44-50.